后浪

暮らしのつくり方

生活的基本

10条感知生活的收纳要义

[日] 本多沙织 著

杨俊怡　佩吉　译

中国华侨出版社
·北京·

目录

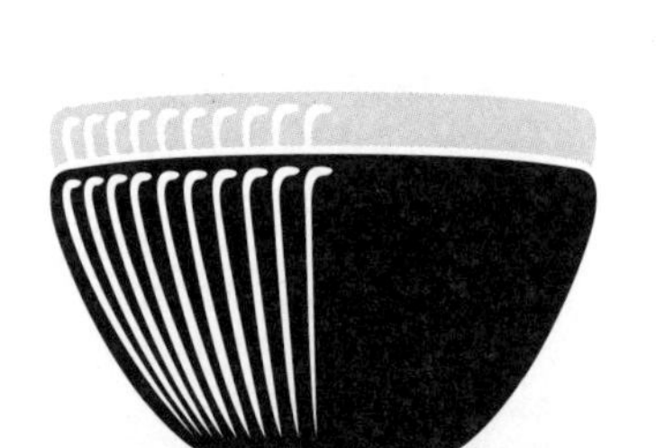

专栏

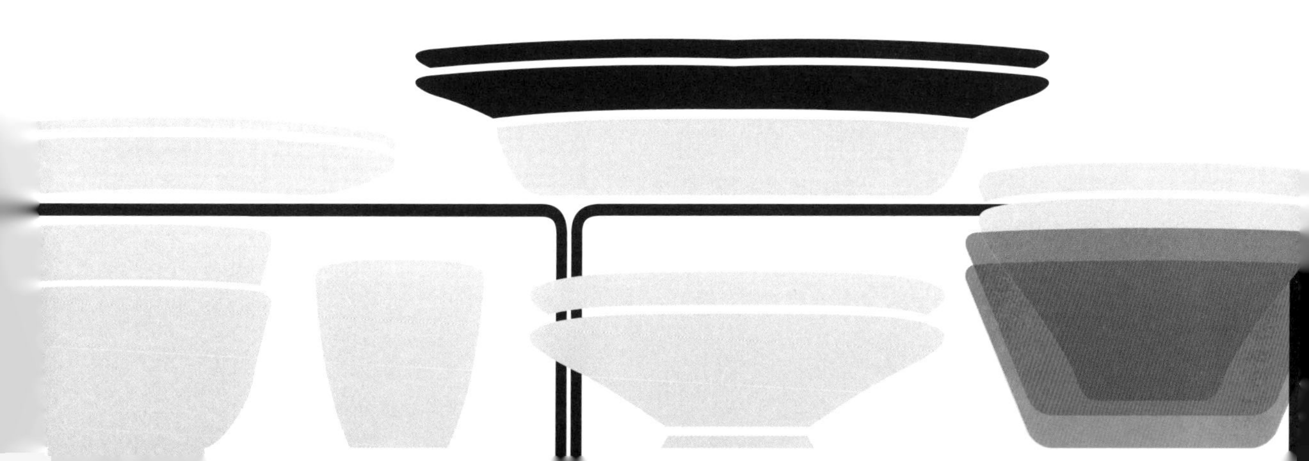

1 热爱你的生活

吃饭、穿衣、居住、放松——我希望能在这些每天都在进行的“生活”上下工夫，以满足而充实的心情度过每一天。这对于一个热爱生活的主妇兼整理收纳咨询师来说，是十分重要的。

从小时候开始，我就对“生活”的方方面面很感兴趣。

我喜欢的游戏是和“RIKA小姐”(日本流行的洋娃娃的名字)玩充满现实感的“过家家”游戏，让家里的家具“乾坤大挪移”，时不时改变一下桌子的收纳，或者看看杂志《我的房间》……就算是看电影《天空之城》时，其中深深吸引我的也不是扣人心弦的追杀情节或不可思议的岛屿秘密，而是希达在飞船里被委任为厨师的场景。

在那一幕中，希达走进厨房，满眼都是餐具在水槽里堆积如山、蔬菜残渣和调味料渍散落各处的惨淡光景。这样的场面，一般光是看一眼就会让人失去斗志。希达却挽起了袖子，鼓足干劲开始挑战做饭。她做的第一件事就是清理厨房，使原本不能直视的厨房从此焕然一新，然后做出了一份份暖心料理，让飞船上的成员们得以大快朵颐。

第一次看这部电影的时候，我的视线始终离不开这一幕，好几次倒回来反反复复地看。为什么和电影情节主线完全没有关系的部分会如此吸引我呢？那是因为希达在完成主要的指令“做饭”之前，首先是从“场景准备”开始做的。从这个动作上，我感受到了一气呵成的完整感。

无论是谁，比起从混乱不堪的厨房里端出来的东西，当然会更愿意吃从整洁干净的厨房里送出来的料理。乍一看，希达好像做了多余的步骤，但她一定知道，整理好之后再工作效率要高得多。“要让飞船上的大家过上更好的生活”，希达心中自然涌现出的这一愿望透过屏幕传递了出来。

热衷于“拉普达”（译者注：电影《天空之城》中的飞船名）的小学生观众转眼已长大成人，如今正以“整理收纳咨询师”的身份接受委托，为许多人提供家庭整理收纳服务。

大家听到“整理收纳咨询师”这个名称时，或许会以为我是那种“一看到杂乱的房间就受不了，无论如何都要收拾好”的人。但其实，并不完全是这样。

我从事的这份工作，最终目标并不仅仅是整理好房间。我希望在一个家庭中创造出让人觉得“能够按照理想的样子去生活”的场所。这就如同在飞船拉普达上，希达所做的一切都是为了让“大家能够开心地吃饭”一样。

比如，在凉风徐徐的傍晚，打开窗子坐在沙发上瞬间放松下来的那一刻，就是日常生活中能让我感觉到幸福的时刻。即便身居窄窄的小窝，也能打从心底觉得“好舒服呀，好幸福呀”。如果没有一个整洁的环境，是无法亲身体会到这样的感受的。如果要洗的衣物堆积如山、桌子上凌乱不堪，那怎么会有好心情呢，只会觉得“哎呀，不收拾不行呀”，负面情绪油然而生。

我希望每天的生活平静而充实，偶尔会有感到幸福的时候；希望能以自己的节奏去生活，身心都得到安宁。**我觉得只有拥有能够为自己积蓄力量的日常生活，才能更好地面对外头的工作和娱乐。**然后，从外部接收的信息和物品又更加丰富了家庭生活。

这就是我在经营个人生活的过程中悟到的心得。在本书中，我希望与大家分享那些我生活中重要的事情和习惯。

编织你想要的生活

自孩提时起，我就憧憬着家庭生活，但真正有机会正式负担起一个家，还是在结婚做了家庭主妇之后。虽然我以前在娘家时已经锻炼过整理收纳能力，但对其他的家事却

完全不知道该怎么办。其中特别让我头疼的，就是一日三餐的准备以及食材购买。

每次去超市，那真的是两眼一抹黑（全靠摸索）啊。我在蔬菜卖场里转来转去，对于该买哪个、买多少完全没有概念，只能斜眼观察周围的资深主妇，看她们用熟练的手法挑拣食材，放进购物篮里。于是，我不管三七二十一试着买了洋葱和土豆，但又发现自己完全不清楚哪种蔬菜能存放多久。因为缺乏食材的“消费感”，经常出现买了一棵卷心菜却吃不完的情况，结果造成了浪费。

经历过几次这样的失败后，下次我就会尝试着只买半棵卷心菜。因为发现不必勉强着全部吃完，自然也就知道了“我们家的消费量是半棵，买半棵就不会浪费了”。

不管是谁，都不可能从一开始就能很好地操持家务。所谓“家务”，简单来说，是包含了做饭、洗碗、扫除、洗涤、购物等几重复杂要素的工作。尝试，偶尔失败，然后学习……如此重复着“试错”的实验，我才慢慢摸索出了属于自己的生活方式。

生活的基盘建立好以后，实际应用也就变成了可能。比方说现在，我经常买一棵卷心菜，一半切成丝，一半切成四方形，都作为备用料保存在密封容器中。卷心菜丝用来做沙拉或者大阪烧，四方片则用来炒菜或者做味噌汤，都是可以马上拿出来利用的。这样的方法不仅可以节约考虑三餐安排和购物的时间，还能为做饭本身省去不少手续，可以说是让人欣喜的进步。

通过不断试错来升级家务能力的方法，可以活用在收纳、衣装、购物和扫除等生活的方方面面。在操持家务的过程中，如果遇到“好浪费啊”“好难整理啊”“懒得动呀”的情况，不要装作视而不见，而要认真面对问题，这是非常重要的。发现有不适于自己或家人生活的问题时，应该立刻思考怎么办，并且付诸实际行动试着改变。如果能够顺利解决问题，那么生活自然会变得更为舒适；如果结果还是不尽如人意，那就换个不同的方法，再尝试改变一次就好。

“舒适的生活”“从容的生活”“因为从容而诞生的更精彩的生活”，如果想要过这样的日子，我觉得**必须保持一个习惯：发现问题后努力改变，出错了就多试几次，从而进行改善**。也许在本就繁忙的生活中注意一些生活的小细节不是一件容易的事情，但一旦认真面对并进行改变，你的生活从此会明显变得轻松，日子也会朝着你憧憬的方向发展。

重塑生活，从用心做起

“做好蔬菜备料”，这样一来，越是忙的时候备料越能帮上忙。当然，准备备料的时间和精力也要考虑在内。但是当你使用备料做菜的时候，一定会觉得“多亏昨天把蔬菜切好了，今晚做饭轻松多了”。这一瞬间，你会在心里默默地感谢昨天的自己。

换作扫除也一样，因为昨天简单打扫过，所以今天会感觉很轻松。而昨天的打扫之所以简单，也是因为之前自己将扫除用具放在了很轻松就能拿到的地方。如此这般，环环相扣。

所谓的生活，就是由昨天到今天、今天到明天这样连贯的日子组成。正因如此，我们是可以切身感受到今天的行动对明天的影响的。我觉得，只要时刻记得**“温柔对待明天的自己”**，自然就能产生愉悦生活的念头，每一天都会拥有“小确幸”。

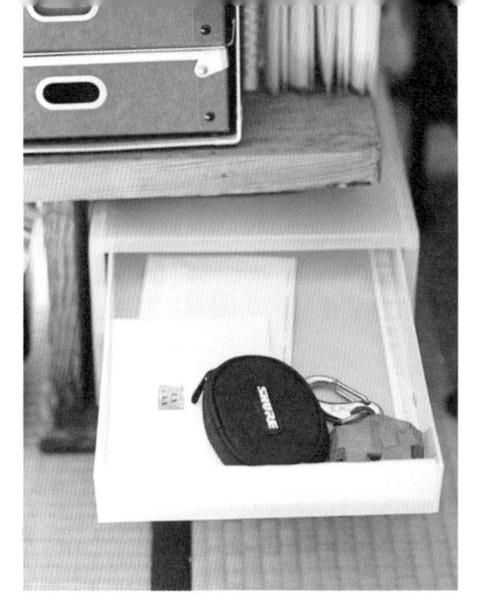

为不擅长收拾的丈夫专门准备一个盒子暂时存放他的随身物品。这是引导丈夫不必花心思就能收纳的“体贴收纳法”。

为每一位客人添上小点心和热毛巾。这是某家咖啡馆的待客技巧，可以作为范本来学习，我想在自己家里也实践一下这种用心的小细节。

认真地沏一杯咖啡的幸福。希望享用这杯咖啡的人能度过一段身心闲适的时光，从而传递出一份温暖。

反过来说，如果缺乏对未来自己的思量，生活就会停滞不前，甚至招来各种各样小小的不幸福。比如早就在衣架上晾干的衣服，若是觉得麻烦而置之不理的话，第二天早上洗好的衣服就没多的地方晾晒了，只能急急忙忙从衣架上取下衣服，然后拼命地把湿衣物晾到好不容易空出来的衣架上，早晨手忙脚乱的家务时间就这样超时了，于是又不得不把干衣物散落在地板上，匆忙外出。当然，晚上回家的时候一进家门，映入眼帘的必然是衣物到处散落的光景，仿佛在你疲倦的身体上又重重压上了一层。“不收拾一下不行了啊……”虽然是这么想的，但转念觉得要先做饭，于是只能把衣物暂时放在一边。结果，不仅承受着两天都没有叠衣服的压力，还要在凌乱的房间里吃饭……这样辛苦，绝对不是我所期望的生活。

所以，家务事干起来得一气呵成。一件事停滞了，接下来就会像连续追尾事故一样接连产生小小的不幸福。想要从这样的情况中恢复过来，首先必须把散落的衣物叠好。但是这样一来，这件事就已经成了“善后”。在“善后”感浓重的家务事中保持愉快的心情必定很艰难，因此更不可能有富余的时间和心情为明天的自己做打算。于是，“善后”结束后依然是“善后”，形成恶性循环。

正因如此，**我认为最重要的是，不要将家务事变成“善后”工作，而是要作为方便未来的自己和家人行动的“准备”工作。**做饭也好，洗衣物也好，现在做的事情，要能为接下来的生活带来愉悦。**我正在做为自己和家人着想的准备工作——抱着这样的想法去行动，做家务的动力就会得到显著提升。**

现在的收拾，是为未来做准备

不能把家务事当作“善后”，而是要当作对未来的“准备”。就像前面所说的，这是很重要的一点，即使对洗衣做饭这样的小事来说也很重要。那么在所有家务事里，“收拾”动作无疑就是对未来的准备了吧。要想在凌乱的房间里开始做什么事，是相当困难的。比如想做缝纫、想喝杯下午茶放松一下，但是没有足够的空间就没法着手进行，而且要在一堆东西里找到使用器具，甚至还要花时间清洗。有真心想做的事情，却不得不从“收

在京都购入的一直想要的托盘，经常用来托茶水和早饭。在收拾好的房间里使用喜爱的道具时，它们才能发挥出最大的作用，喝茶的乐趣也会因此变得更浓。

拾”开始做起……本应是愉悦之事，却心情糟糕地开始做了。这种情况下最坏的结果就是，因为觉得太麻烦，就此放弃了本来想做的事情。这样只会离自己的理想生活越来越远。

另一方面，如果房间里所有东西都放在固定位置，那么想做的时候就能立刻着手，时刻处于一种“准备就绪”的良好状态。比如，在收拾好的厨房里，能够立刻开始做饭；在收拾好的餐厅里，饭菜立刻就可以上桌。这么一来，心情也会棒棒的。

如果是为了能从心里享受吃饭、兴趣、休闲、睡眠等生活部分而做准备，那么“收拾”工作就是值得的。每天的生活中，都藏着许多的小幸福。例如在干净的桌子上吃美味料理，在洁净的空间中放松身心，在整洁明亮的房间里摆弄花束……不好好收拾的话，这些小幸福就会溜走哦。**为了抓住这些小幸福而必须做的准备，就是收拾。**不断出现小幸福的生活，不就是我们一直在谈的幸福日子吗？

2 场景准备

我们的目标，不是整洁的房间，而是未来舒适的生活。拥有自己和家人能够随心所欲地生活的物在其所、物有其用的家才最重要。

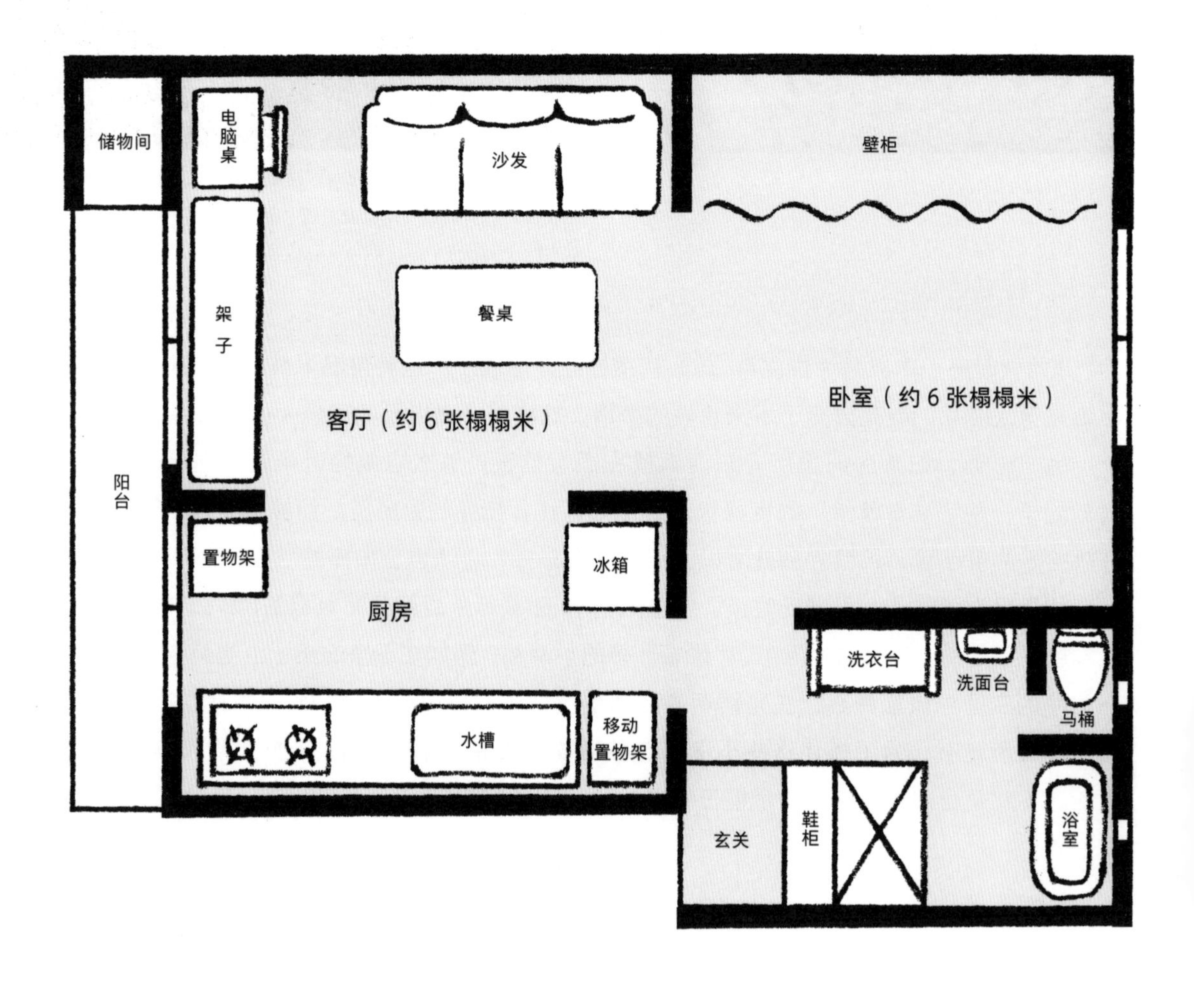

我理想中的早晨，是这样的。

早上起来，揉着惺忪的眼睛站在厨房里，所有餐器和工具都伫立在自己的地方，不会让我平静的心泛起一丝涟漪，没有丝毫的凌乱，然后在这个只陈列着我喜爱之物的空间里，舒舒服服地沏一杯咖啡……

想要让这样的理想成为现实，这就是我每天收拾打扫的动力来源。如果前一天晚上房间乱着就睡下了，那么第二天醒来时第一眼看到的只能是凌乱的房间。这样的话，绝不可能迎来我理想中的早晨。

菜谱就放在做菜的地方

料理台正上方的橱柜里放着菜谱，做菜的时候不需要移动一步就可以拿到，比起放在客厅里大大提高了使用的频率。

方便的摆置，给“准备场景”的自己帮忙

水槽下方的调味料放在托盘里。只要抽出来，就可以取到里面的东西。每一样东西的位置都很明确，取出来、放进去也很方便。忙碌或疲倦的时候，有没有如此方便的摆置方式，会直接影响你想不想收拾的心情。

我觉得，在脑海中勾勒出理想生活的画面，是实现它的重要的第一步。如果能确立理想生活的印象，那么自然而然就会动手收拾，不会有“好麻烦”这样的嫌恶感。睡觉前已经很困了，很想倒头就睡，但即便如此，也要在钻进被子之前清空桌子、将用过的物品一一放回原处、把台面擦干净、清理掉垃圾。这一切都是为了第二天早上能有好心情。

每天早上，以一份毫无杂音的静谧心情为自己打气“开始今天的生活”，这对接下来的一整天都有很大的影响。比如在一如往常的早餐里添一份沙拉、在回家路上买束鲜花装饰房间等，能够自然地想到这些并付诸行动。我觉得，所有这些想做的事情、想要的人生、理想的生活，都与每天早晨在无意识间产生的心情有莫大的关系。

不拘泥于“应该”，而要适应自己的生活

玄关的鞋柜里，塞着很少有机会看的书和最近很少听的CD。因为这里离生活的中心区域（客厅）比较远，所以不适合收纳经常要用到的东西，但是因为容量大，也不能弃之不用。如果不拘泥于“鞋柜中应该只放鞋”的旧观念，就可以根据个人的不同情况来进行收纳。中间层的包里装的是去健身房时要换的衣服和鞋，出门时可以随手拿出来，健身也就随之变成一桩乐事了。

收拾的目的，不是整洁本身，而是看到整洁之后发生的变化。这是为了打造理想生活而进行的活动。我觉得为了达到这个目的，“场景准备”是收拾过程中必须要做的步骤。

让房间里的物品功能最大化

那么，只要房间变得干净整洁，就可以过上理想生活了吗？实际上，单单收拾整理，还称不上是“场景准备”。

比如说，你拿出了家庭收支簿和账单，准备开始记账。桌子也收拾好了，正处于完美的“开工”状态，但计算器却找不到了，账单还散放在各个地方，文件也放在不同房间里，你不得不走来走去，把自己需要的东西收集起来——于是就没法立刻“开工”了。

“场景准备”指的是，平时工作要用到的东西能立刻取到，想要“做这个吧”就能立刻着手开始的这样一种状态。物品永远都是随时准备发挥作用的“准备就绪”状态，每样物品的安置方法都能让它的功能最大限度地被发挥出来。

为了达到这样的状态，要把会用到的相关物品整理好放置在操作场所附近。进一步来说，收纳的时候要做到对什么东西放在哪里了然于胸。

丈夫的“乾坤袋”

收到的婚礼请帖、演唱会的门票、攀岩用的铁环和零钱等，丈夫那些不知道该放在哪里才好的东西统统都可以放进这里。他自己放，或者我捡到了放进去。总之，丈夫现在已经不会老是东找西找了。

就算是小小的不便，也要改善

以前，制作菜肴时经常出场的调理碗叠放在水槽上易抽出的开放式置物架上，但是当我要取一个小碗的时候，就不得不把全部的碗都拿下来。于是我灵机一动，把调理碗都移到了水槽的下面。位置低了，要取哪一个的时候只要看准就可以抽出来，十分方便。这也是试了一次才发现的小诀窍。

这样一来，拿取东西自然更便利了，而且这样的收纳方法也使物品放回方便很多。因为清楚地知道物品的固定位置，所以可以毫不犹豫地放好，不必再走到这里或那里。以前，我做过一个实验，把纸制品和文具摊得到处都是，然后测算需要花多久才能整理好，结果仅用时2分钟。用对收纳方法，竟然可以这么节省时间和精力，我真是切身体会到了。

不管是整理得多干净的房间，时间一长就会变得凌乱，这时问题可能出在收纳上。凌乱不是因为懒散，而是因为采用的收纳方法收拾起来很麻烦。

因为家人乱扔东西而困扰的话，可以改变收纳方法，让家人整理起来更容易。这会比命令他们“你给我收拾好”效果要好得多。**如果丈夫和孩子都属于怕麻烦的人，就更应该试着降低收纳的难度，比如“折一下就好”“没有门也没有盖子”“放在经常用的地方或经常经过的地方”。**放回去容易＝取出来容易。对家人来说，这也为他们准备好了能够立刻开始做想做的事情的“场景”。

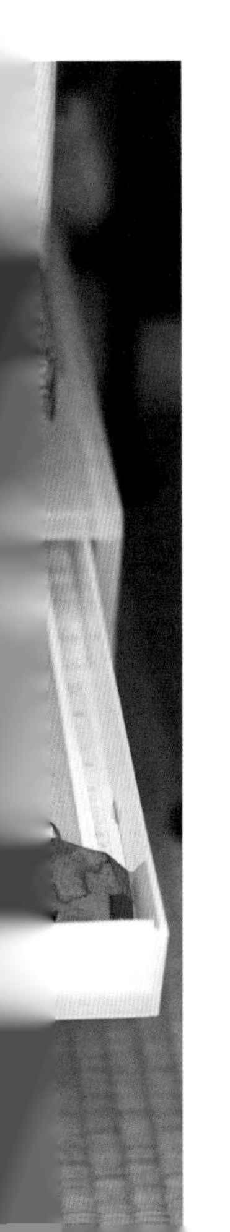

“场景准备”完毕，就不需要费精力去考虑“那个杂活不干不行啊”，只要让自己考虑做真正的必要之事就行。比如，扫除用具一件件都放在需要用到它们的地方，抹布在经常用的柜子旁边，地板拖在经常用到的浴室更衣间里。这样一来，一旦发现有灰尘或者脏东西，立刻就能伸手拿到打扫工具。而如果决定把扫除工具全部放到柜子里，想要用的时候就得一个个去取，进行打开柜门、再放回去的额外劳动。很多时候，这种小小的劳动就把抹掉灰尘的愿望夺走了。

在取出来简单、使用简单、收拾简单的场景里，因为所有物品都布置在适合各自待的地方，所以能创造出行动的机会，进一步也就能拥有容易整理的房间。这就是场景的完备状态。

灵活使用收纳工具

单嘴钵和小酒盅等小器具放在托盘里，取用起来会更方便。盘子放在有隔断的コ字形架子上，不同种类的器皿分上下层放置，要取哪一个也很便利。托盘材质都是透明的亚克力，所以从下往上看时，放了什么东西一目了然。

每个人的生活之处

开始作为整理收纳咨询师工作之后，我深入参与到了许多家庭的收纳工作中，听取各个家庭的生活方式、空间布置、脾性、喜好，然后帮他们建立收纳系统。

经常有人问我："什么才是正确的收纳方法？"或"其他人是怎么收纳的呢？"我想说的是，每个人的生活和收纳空间各不相同。有100

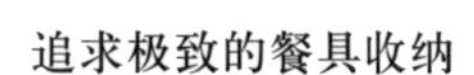

追求极致的餐具收纳

自从搬到这个家以后，我对收纳餐具的抽屉进行了好几次改变。因为以前一直在用一个藤制的收纳盒，所以这次觉得干脆就"再买一个收纳盒，把木筷子和其他木质餐具分开放吧""不锈钢餐具就放在亚克力收纳盒里""用一些可以补买的、可循环使用的朴素收纳盒"等，又下了不少工夫。推荐大家利用原有的收纳用品，以此为中心发散思维，做出变化。

个人，就会有100个不一样的答案。**不要参照一个范本，而是要尝试各种适合自己的收纳，在错误中不断改进使之变得便利。**感到有不方便的地方就改变它，然后试着生活看看。如果又产生了不便之处，再次加以改变就好了。每当收纳得到改善的时候，你一定会真切感觉到自己的生活一下子变轻松了。

很多接受整理收纳服务的客户会跟我说："现在，会把用过的东西很自然地放回原处，这么一来，也不会不想收拾了。"不管是觉得每天收拾是"麻烦事"的人，还是蜗居型的狭小家庭空间，一定都会有合适的、得以轻松收纳的方法。

地板拖的移动轨迹

用放在浴室旁的地板拖来擦拭从浴室前到厨房的复合地板。厨房的尽头有一个开放式置物架，在那里我设置了一个抽屉，里面放着拖把头的替换品。用完的拖把头丢弃到置物架旁边的垃圾箱里，然后立刻就能装上新的拖把头。"丢弃旧的"和"替换新的"在同一个地方完成，非常轻松。

最令人开心的，莫过于听到客户的反馈说实现了想要的生活，比如"厨房用具变得更顺手了，缩短了做饭时间，和女儿玩耍的时间也变多了""终于有了换种植物的时间和精力，以前一直想做却没办法做"等。收纳对生活的影响有多大，我算是真切感受到了。

同时，在客户家里工作的时候，我发现随着收纳体系变得完备，很多人开始主动进行打扫了，"这里用吸尘器吸一下""这里抹一下灰尘"什么的。

我在思考如何收纳的时候，会把"打扫起来是否方便"也考虑在内。在所有东西都被收拾得整齐的空间里，人会很自然地留意到不干净的地方，也会自动地去打扫。如果物品凌乱不堪，人的注意力就会涣散，难以开始打扫，整个家庭的氛围会随之黯然失色，居住在里面心情也会变差。如果住得不开心，那么在这个家里就不可能好好地休息放松。

因此，收拾方便、打扫简单的收纳方法给家庭环境带来的影响可见一斑。我觉得这是关系到家庭美满的、非常重要的事情。

我家的家人活动轨迹

已经习惯的动作，大多数是在无意识的情况下做出的。请试着留心观察一下自己和家人的活动轨迹。为了完成一个连贯动作，是不是要走到这里或那里，或站或蹲呢？在此，我将结合我们家的布局，介绍一下回家以后丈夫和我的移动轨迹。以生活中的移动轨迹为基础来决定物品的固定摆放位置，可以明显减少不必要的移动，你会很惊讶，原来每天的生活竟能如此轻松。

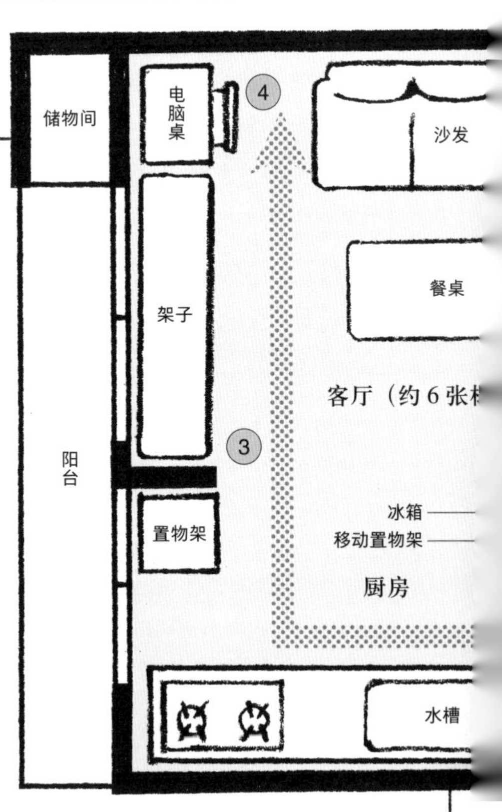

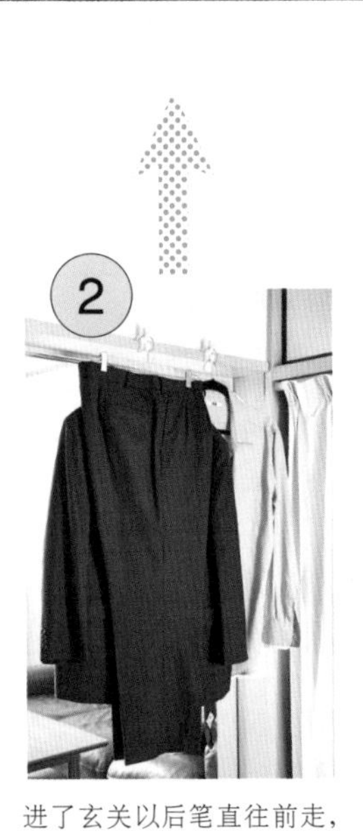

进了玄关以后笔直往前走，尽头是丈夫的衣物空间。脱掉西装，将其挂在门楣的挂钩上。第二天要穿的衬衫也是预先挂在这里。

从门楣挂钩（西装）正下方的某个收纳箱里取出家居服，丈夫不需要移动一步就可以在那里完成换装。自从采用这种I字形一条龙收纳法后，我再也不必对丈夫说“你快收拾一下”了。

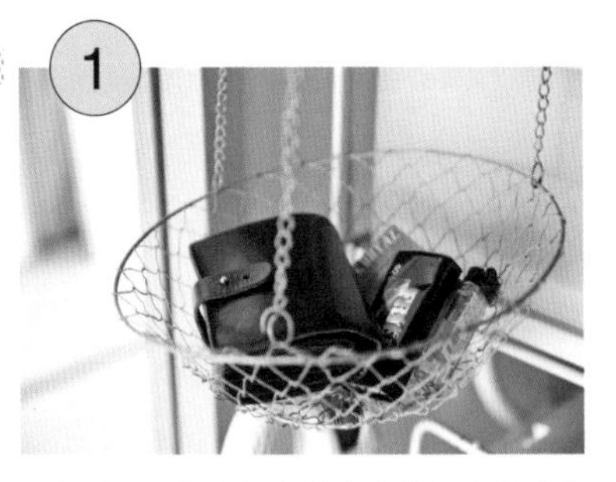

回家以后，将车钥匙挂在玄关门上的磁性挂钩上，然后脱鞋。进入玄关后，把钱包、钥匙包等衣服口袋里的东西全部放进一个悬挂着的钢丝线笼里。

丈夫的活动轨迹

把手提包放在桌子上，然后将当天拿到的收据集中整理到桌子前的夹子上。这样事先收集好，日后在这里算家庭账目的时候就很方便了。而且，一沓攒起来的票据一目了然，也算是在时不时提醒自己记账了。

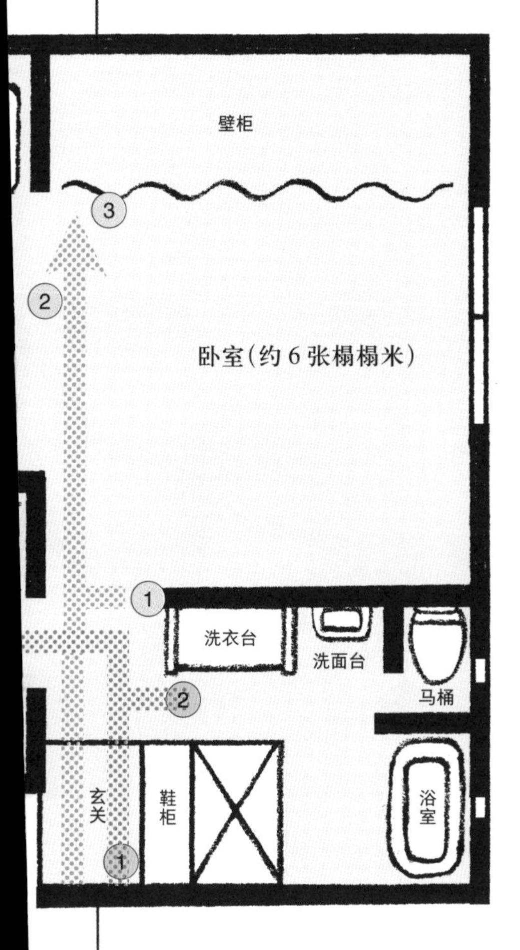

取下项链，挂在门楣的吊钩上。胸针放到首饰盒里。首饰统一放在高一些的地方，不需要下蹲就可以戴上或取下。

使用过的手帕等，放入玄关处的洗衣机里。这样做，省去了之后拿着手帕走到洗衣机那里的麻烦。

回家以后，将车钥匙挂在玄关门上的磁性挂钩上（家门钥匙就放在和手提包连在一起的钥匙包里）。脱掉上衣，将其挂在玄关的衣架上。不必带进家里的外套和钥匙，就在玄关处完成收纳。

我的活动轨迹

居住的活动轨迹

在我的小住处中，起居室既是用餐的餐厅，也是处理工作的办公室，还是放松的私人空间。很多活动都要在起居室里完成，因此这里是我一天中待的时间最长的地方。

正因如此，能够随时取用各种活动需要的东西、保持较高利用率的状态非常重要，最好只要走一两步甚至只要坐着就能拿到做任何事情所需的物品。**我努力改善收纳结构和家具摆设，就是为了让自己在这个空间里一想到要做什么事情，就能立刻着手开始。**

需要注意的是，正是因为要在这里开展各种活动，所以起居室也很容易堆积“五花八门”的东西。要从杂多的物品堆里迅速取出自己需要的东西是件难事。为了防止这一麻烦，我只允许在起居室内留下绝对会在这个场所中用到的物品。

并且，每一件物品都应遵循取用（放回）简单的放置原则。我会把杯垫和锅垫放在餐桌下方的架子上，工作要用的文件和文具放在书桌旁边，放杂志的书架则立在沙发旁边。正因为是聚起来的狭小空间，所以采取的收纳方式必须使我能在2米的半径内自如拿取、收拾。

把抽屉当成工具箱

把做同一件事要用到的工具全部放在一个抽屉里，这样就可以把一整个抽屉抽出来当作工具箱使用了。我把文具都收集在一个抽屉里，想要做大型手工的时候就会拿出来。

用临时保管箱使桌面保持清洁

做一个“临时保管箱”，暂时放置收到的书信和广告等不知道收到哪里才好的东西，这样可以防止桌面变得凌乱。要是箱子满了就重新看一看里面的东西，做一些必要的处理，比如扔掉或放在固定地方等。

桌子下面：贴近生活型物品

桌子下面的架子上，放着在起居室里要用到的生活用品，比如电脑、杯垫、锅垫、湿巾、指甲钳等。这样一来，既不需要人站起来去拿，也可以防止桌面变乱。

制造看书机会的收纳

我把沙发旁边立着的木箱做成了书架。虽然在别的地方也有书本和杂志的收纳处，但现在最想看的、刚买的杂志等就放在这里。容易忘记收拾的物品，只要放在看得到的地方，就会很自然地伸手去拿放。

盥洗用品环境，统一使用白色

洗涤小物和洗涤剂存货按照不同用途，分类收纳在宜家的白色收纳盒里。无印良品的毛巾也是统一的白色。在收纳内衣裤的抽屉里放入白色的塑料板，就不会从外面看见里面了。因为只有白色，所以降低了色彩信息量，五花八门的生活用品看起来也是清清爽爽的，增强了清洁感。

盥洗空间

在我们家，没有能够设置盥洗空间的更衣处。浴室就在玄关旁边，洗衣机也在玄关前面。所以我们家的盥洗空间，指的就是打开玄关后眼前所见的场地。

因为不想给人留下充满生活感的第一印象，所以盥洗用品和收纳用品统一使用了白色，把杂乱感降到最低。这个铁质架子，从表面上看就能明白应该是花了不少工夫。的确，为了能高效使用洗脸、洗涤和扫除时用到的东西，我不断试错才有了现在这样的收纳方式。

洗涤剂、柔顺剂、洗涤用的衣架等，都放在了站在洗衣机前就可以轻易触到的地方。烘干后的毛巾和内衣裤可以随手收进眼前的抽屉里。洗脸台和浴室相邻，因此梳妆打扮要用到的吹风机、化妆工具、毛巾和洗发露存货等也集中放在这里。在洗脸台洗完脸后，寸步不移即可伸手在架子上拿到毛巾，擦了脸以后顺手抹一把洗脸台，然后将其丢到洗衣机里。洗完澡从浴室出来，也马上就能拿到浴巾和替换的内衣裤。

这个空间里绝对用得到的必需品都在这里，所以不用再跑来跑去浪费时间了。在忙碌的早晨或需要迅速整装打扮的时候，这可是帮了大忙。

圆规式活动轨迹

站在那里不需要移动一步,只用手转一圈就能完成一连串的相关动作，这就是圆规式活动轨迹。对于经常干的家务来说，这样做究竟能省掉多少无用功呢？你可能会说:“我一直都是移动着做家务的啊。”但是，比起不断耗费多余工夫站起、蹲下、跑到别的地方取东西等，花些精力整理好收纳场所会让家务变得轻松很多。在这里，我来介绍一下把晾晒衣物从阳台收进来之后的操作。

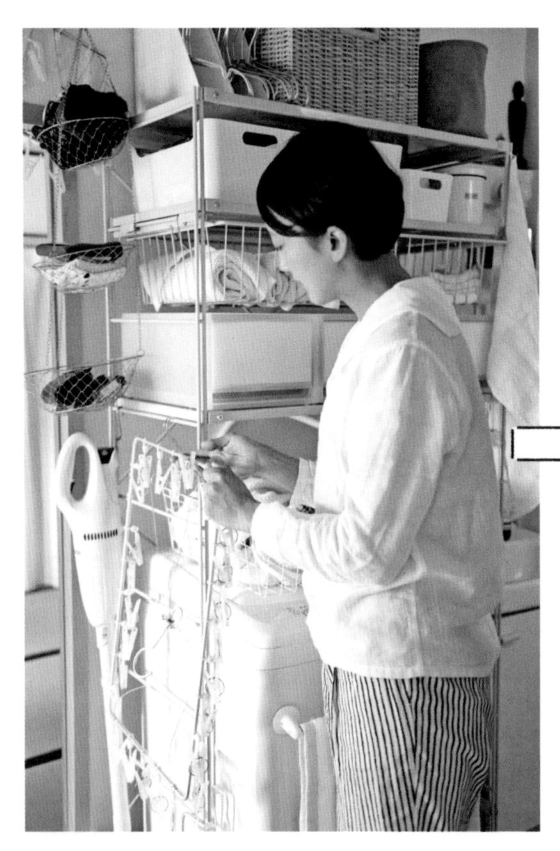

防风衣架

将晾干的衣物从防风衣架上取下来，放进洗衣机上的钢丝干衣筐里。使用完的防风衣架,就挂在铁质架子旁边。要晾衣服的时候，也是站在这里将防风衣架挂在上方的帘轨上，把湿衣物都挂上去，然后再整个搬运到阳台。

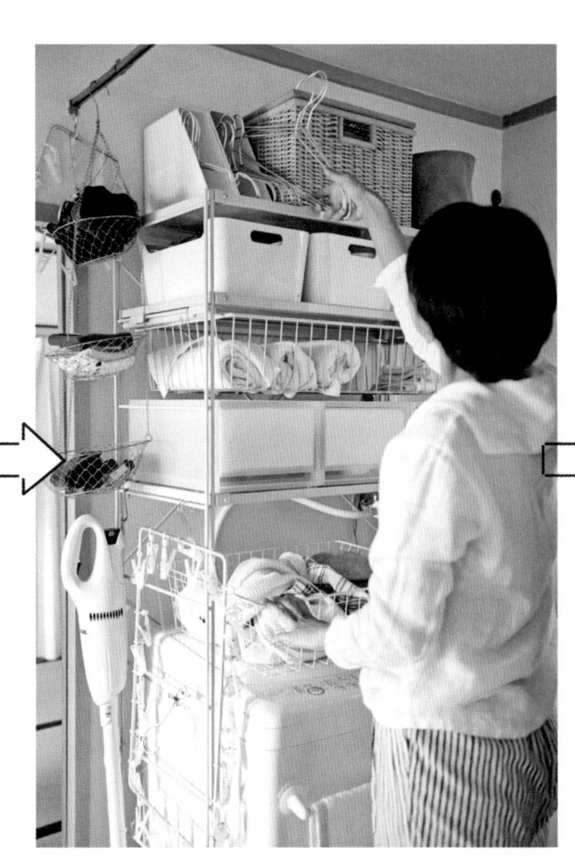

衣架按照种类收纳

晾衣架按照形状不同（普通和吊挂用）收纳在档案盒里。这样衣架之间就不会纠缠挡绊，可以随时抽出想用的衣架，毫无压力。档案盒不光可以用来装书籍，也能拿来收纳这样的杂物，或者食品、料理器具等多种物品。

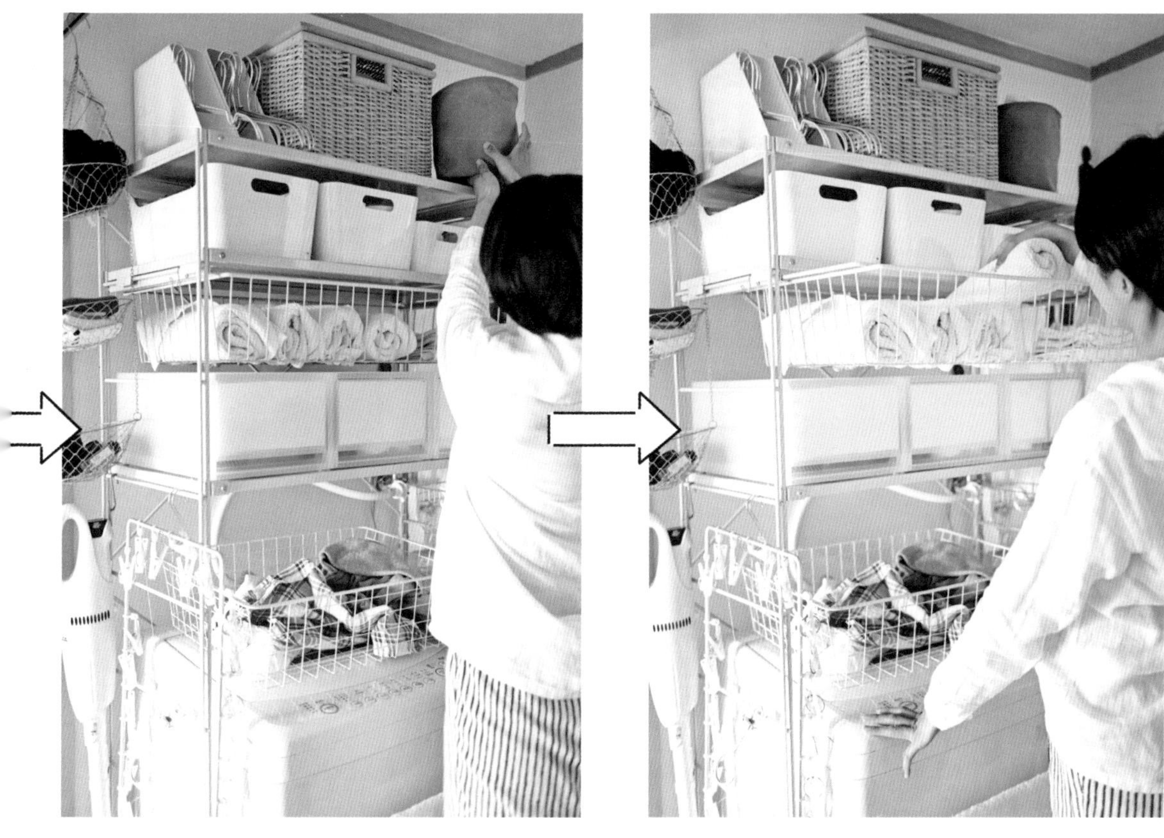

放置洗衣篮

把洗衣袋放进收纳篮里。F/style 这个牌子的软布收纳篮——“防污收纳桶”——经过了防水加工，所以推荐放在洗衣房附近。

毛巾和内衣裤收进抽屉里

站在原处，将毛巾类的东西卷成一团放进架子上的钢丝置物篮里。洗好澡、洗完脸之后，可以站在这个位置迅速取到毛巾。内衣裤不用叠起来，直接放进抽屉就好，因为数量不多，所以即使没有排列整齐也能马上找到需要的那件。

衣服的移动轨迹

我们收纳衣物的地方，是房间里唯一的收纳配置家具——壁柜。容量大是壁柜的一个优点，但里面比较深，所以容易产生无效空间。就算收拾得很好，有时候也不得不从深处拿东西。我从小就喜欢研究日常生活和收纳，搬家之后看到这个壁柜的时候，真是两手发痒啊，心想："这下可以好好大显身手啦！"

首先，我将妨碍观察壁柜整体的隔板全部取了出来，然后放入本来就有的抽屉式衣物收纳箱和新买的壁柜专用衣橱衣架。为了利用深处的空间，我用晾衣叉把使用率较低的礼服等衣物挂到了里面。可以拉到最外面的滑动式衣架则用来挂丈夫的上衣。

不管是壁柜还是衣橱，**收纳时最重要的是以日常生活习惯的活动轨迹为基础**。我会把每天都穿的衣服并排挂好，一目了然；丈夫只会在休息日穿的衣服挂在需要抽出来的滑动衣架上，充分利用壁柜深处的空间；丈夫和我每天穿的袜子，卷起来放在吊着的无印良品收纳篮里。稍微拉开帘子就能看到这些固定位置，不需要开门等多余动作即可轻松取用。

夫妇的下装和T恤等，收纳在壁柜左上方的抽屉里。如同在“我家的家人活动轨迹”（第18页）里介绍过的，丈夫只要站在抽屉跟前，就可以伸手拿到西装或家居服。旁边就是我的抽屉，紧挨着衣橱架，因此我也不需要走动即可完成换装。

个人衣物收纳中最重要的一条，难道不就是把所有衣物都陈列在一个看得见的地方吗？如果衣物散落在各个地方，那么每天都会冥思苦想如何搭配，这也是一种负累。若是不能很好地被组合起来，衣物就不能得到充分的利用。

同时，不方便挂在壁柜里的丈夫的长款衣服和经常要穿的外套等，就挂在卧室的门楣挂钩上好了。不是临时挂着而已，那里就是这些衣服的固定放置处。不需要将难以放进壁柜的衣物勉强收纳起来，挂在房间里反而会更方便。因为经常要穿的衣服是自己很喜欢的，所以即使它时常映入眼帘也不会介意。

不管是什么样的收纳，都应该舍弃掉“应该要放在这里”这种先入为主的观念。最优先考虑的，应该是怎样才能方便使用、怎样才能生活得更便利。

使用率高的东西放在立刻就能拿到的位置

需要的时候，稍微拉开帘子就能取到袜子，而且洗好后把它们团起来放好就行。这一收纳法，不适合袜子很多以至于自己都不知道有哪些的情况。我会控制数量，所以现在只有7双袜子。这个量正好，想穿的时候马上就能取到需要的袜子，这样就足够了。

理清思路，
整理用具，
集中精力工作

开始整理收纳服务的工作以后，客人的个人资料、收纳用品的产品目录、与杂志和书籍接洽的资料等纸质文件多了起来。要将五花八门的文件收纳好，重要的是按照范畴分类。按照不同范畴分类好以后，要拿去工作现场或者是要拿给客人看的时候，都会很方便。我选用的文具和收纳用品都是无印良品的。它们的设计简洁且高效，非常适合商务场合。

起居室里的纸质抽屉，属于工作用具的固定放置处。里面放着的是工作用的钱包、名片夹、信封等。另外，这个抽屉也是收纳银行卡、银行存折等使用率较高的商务用品的场所。因为有棱角的四方形物品较多，所以四角非圆形的抽屉收纳起来效率更高。

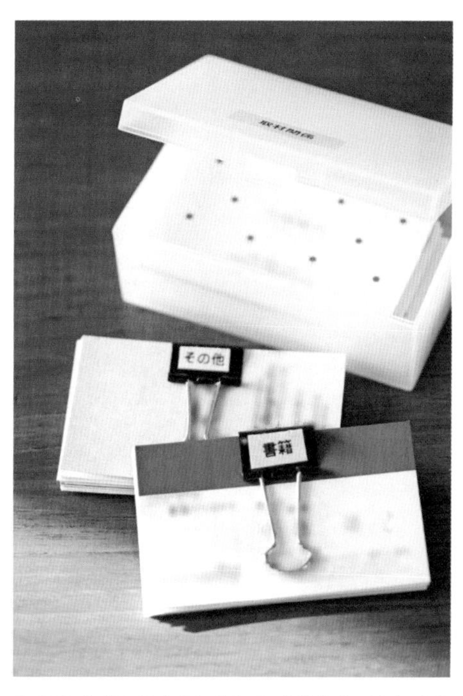

名片分成“书籍”“杂志”和“其他”，用夹子集中起来。以前是整理在一起的，但着急的时候不得不一页一页翻找，我觉得很费工夫，所以就换成了夹子，这样找起来容易多了。

工作的文件按照“出版社”“收纳服务”等分类归档，用透明的收纳架立起来放在电脑旁边。文件夹和收纳架也是无印良品的东西。它们都很薄，于是我会有意识地控制好容量，不放入过厚的东西。

右边照片中的物品，全部都放进无印良品的网格收纳袋里，然后将其当作收银袋拿到客人那里。网格袋的侧袋刚好是纸币大小，能够利落地存取纸币等物品。

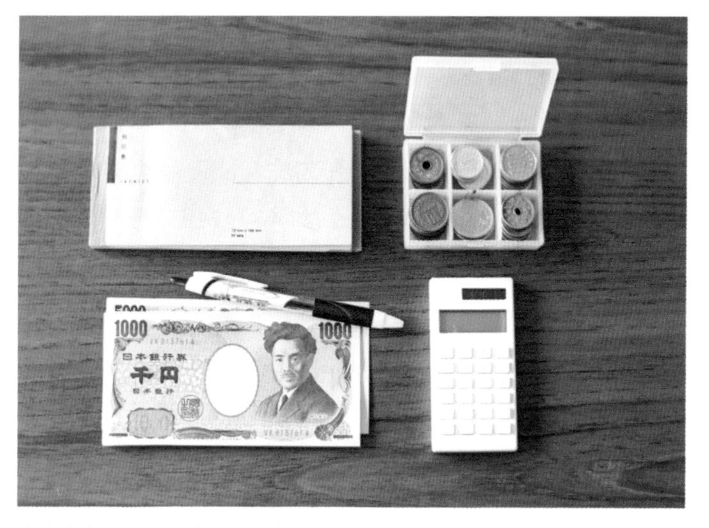

左边小袋子里面的东西。常备着共计 9999 日元的纸币和硬币，作为找给客人的零钱。装硬币的是无印良品的药盒，整理起来很方便。设计公司“Drop Around”的收据也很简单好用，客人拿到以后都很喜欢，觉得“好可爱”呢。

3 便利的厨房

我想打造一个“完全不会让人感觉不想做饭”的厨房。

多种多样的工具和食品混杂，这样的场所考验了你的收纳能力和操作效率。

甚至，我认为如果没有便利又顺手的厨房，我怕是一辈子都没有做饭的意愿了。

我并不是很喜欢做饭。剥皮、切菜等“作业”还好，但对于调味什么的就没有“主动积极想做”的热情了。即便如此，反正都是要做，我希望能够“尽量简单方便”“尽量抱着愉快的心情”投入进去。我不会说出“想爱上做饭”这样的奢望。但是，这毕竟是每天、每餐都要做的，所以至少我不想做自己讨厌的事情。这个理由貌似挺消极的，但这种想法的强弱以及未来是否会产生积极变化，全都取决于怎么收纳。

厨房本来就是装满了很多东西和食材、要进行许多操作（切、煮、盛等）的地方。**因为有很多东西需要进进出出，所以按照物品的形状、用途打造一个存取方便的收纳环境对料理作业有相当大的帮助。**厨房，是整个家里最能体现“收纳得好就能获得‘收益’”的地点。而且，在操作过程中有一些因自己下的工夫而增添乐趣的地方（比如“嗖地取出来了”“收拾简单”“打扫简单”等）时，整个做饭过程也会变得快乐起来。

一套适合作业的收纳体系不仅能让工作变得简单，还能灵活应用于生活的各个方面。有效地配置好扫除用具，打扫就不会那么痛苦；整理好洗脸台和化妆盒，不擅长的化妆步骤也能迅速搞定。做饭也是一样的道理。

我家的小小厨房

我家房龄四十有余，水槽旁边的空间小到令人抓狂！操作台的面积也是，稍微放一点东西就满满当当的。所以，最关键的是怎样充分利用操作台。我不在上面放置任何妨碍烹饪的物品，而且一使用完工具就马上洗干净，然后迅速收好。有了这样的收纳方式，做饭和整理就能同时进行。不用多做劳动而且活动灵便的厨房环境才是最理想的。

为达到这个理想状态，我把经常使用的东西分到了“1队”，偶尔使用的东西分到了“2队”，然后开始收纳。但不需要在同一个地方重复放置“1队”或“2队”的物品，比如最常使用的那个尺寸的平底锅就可以挂在煤气灶上方。这也是一个办法，由此就能减少“打开放着平底煎锅的柜子的门”的步骤。

厨房即做饭时的“驾驶舱”。在进行操作的那个位置，能一伸手就取到经常使用的东西，才是理想状态。

另外重要的一点，是收纳方式也要得到家人的认同。我听说在有些家庭中，偶尔“丈夫会做饭”。遗憾的是，我们家那位对做饭完全没有兴趣。所以我会把吃完饭后收拾东西以及整理购回物品的任务交给他。

于是，做好“丈夫也清楚的收纳”成了必需事项。如果只是随便糊弄的话，对于丈夫来说，会因为不知道东西应该放在哪里而造成“用完不管”“东西塞在奇怪的地方”等尴尬状态。那么，拜托他收纳前“整理一下”的请求也会变得难以启齿。

要消除这样的窘境，**就要贯彻“给所有东西都确定好位置”“同样种类和用途的东西放在一起”，以及“柜门和容器上要有标签”等规则。**如果丈夫也会做菜，这样的方法会发挥更大功效哦。诸如此类的种种收纳方法，直接关系着厨房用起来顺不顺手。

菜谱书放在吊橱中

料理台正上方的吊橱中，放着菜谱书。这是离做菜的地方最近的放置，能使我更好地利用菜谱。再加上悬垂式的菜谱架，能在悬浮状态下摊开书，超乎想象的方便！

超常用 1 队・可视化收纳

几乎每次都要用的小锅和平底煎锅（小）、煮米饭用的 staub 珐琅铸铁锅，用完以后就直接放在外面。因为是悬吊式的收纳，所以一伸手就能毫无障碍地拿到，真的是毫无压力呢。而且这些经常用的物品也不会积灰尘。staub 珐琅铸铁锅厚重的外表吸引了我，觉得它可以直接收纳在煤气灶上。基于这一点考虑，我果断买下了它。

从上方取用・超便利的柜门里侧

容易看漏的柜门里侧可以利用挂钩收纳物品，这样站着就可以从上方取到东西，非常轻松。垃圾袋用橡皮筋固定在纸板上，就可以一个个取用了。密封袋放在去掉上半部分的纸盒里。塑料袋和抹布放进挂着的迷你收纳盒里。

利用抽屉收纳盒

以前在别处使用过的抽屉收纳盒，试着放在了水槽下方。可以很方便地拉出来取到里面的物品，只要稍微弯一下腰就行。要尽量避免站起、蹲下的动作。

从哪里都可以取放东西的开放式置物架

一般置物架和开放式置物架的区别，就在于有没有柜门和侧板。没有侧板的话，从前面或者旁边都可以取到东西，可以采取的放置方式也会大大增多。茶叶和谷物等经常要用的东西可以放在和视线平行的地方，而且全部装在玻璃瓶里的话，也就不必在意包装的外观了。

便利的临时垃圾箱

我把开放式置物架中的一个抽屉变成了放置可回收垃圾的临时垃圾箱。如果放满了，就全部移到阳台上比较大的垃圾堆放处。这样就省去了一有可回收垃圾就得去阳台的工夫，非常轻松。

集合小包装食材

这个可以随意增加隔板的抽屉里放着速溶味噌汤、茶包、十谷米等常用的方便食材。有空位出来的时候很容易就知道要补买什么，而且因为空间有限放不下太多东西，也杜绝了过量采购的问题。

让食物不接触地面的小脚轮

东西直接放在地板上的话，不仅不通风，打扫起来也很困难。因此我特意买了小脚轮，装在可移动置物架下面放根菜类食材的箱子底部。稍微拉一下就可以取出来，打扫时也很简单。

餐具的收纳

我家没有专门的餐具架，所以餐具就放在头上的吊橱里和下方的开放式置物架上。这方面的收纳中最重要的还是存取的便利性。为此可以采用在其中设置小型置物架和隔层架的方式，增设置物空间。另外，因为不需要将不同种类的餐具叠放到一起，所以取放会更方便。在这里我想介绍一下能让经常使用的餐具取放起来更便捷的收纳步骤。

1 队在最方便拿到的地方

在不需要打开柜门的开放式置物架上，排列着每天都要用到的饭碗和汤碗等 1 队餐具。中意的木质餐具和最喜欢的茶杯也属于使用率高的 1 队。这样不仅取用方便，而且看起来充满雅趣，也给厨房增添了独特的味道。这也是一个让人站在厨房里不会感到厌烦的诀窍。

2 队在吊橱里

虽然不是每天都用但偶尔也会出场的 2 队餐具就放在吊橱里。其中使用率低的物品放在比较难够到的上方，使用率高的东西则放在近前。

放好收纳用品，将 3 队放入最深处

此处的收纳方法是使用可以增加置物空间的收纳用品（置物架和コ字形隔层架）。把很少用到的盘子、玻璃杯和茶杯等，放进很难够到的里层。

利用高低差，深处的东西也可以轻松拿到

如果给放在深处的和放在外面的物品设置高低差，那么最里面的东西也可以轻松拿到。我使用的是亚克力コ字形的隔层架。因为是透明的，所以很容易分辨餐具，而且看起来也不会太显眼。

茶杯放进竹篓里

竹篓有弧度，因此放了茶杯也不会轻易翻落。此外，通风良好，而且看上去就十分有“生活感”。我很喜欢中意的茶杯们在竹篓里紧挨着的模样。

柜门开启的方法不同，方便取用的位置也不同

橱柜的柜门开启的方法不同，因此方便取用的位置也会不一样。我家的吊橱是双开门，所以我把餐具放在了中央靠外侧的地方，只要开一边的门就能取到。如果是单开门，那么打开门最先看到的地方，就是常用物品的最佳放置处。

需要沥水的，就收纳在吊架上

在水槽上方的开放式置物架上放置不锈钢吊架，把玻璃制品全部收纳在这里。洗完以后可以放在这里沥水，省去了擦拭和整理的两个步骤。放其他的物品（比如刷子和小砧板）时，也极为方便。

冰箱的收纳

冰箱是物品时常放进取出的场所。里面的东西必须要在过期之前趁还新鲜的时候吃完，而且要在食材耗尽之前及时补充。因为里头放的东西经常换来换去，所以很难为某一样东西确定“就放这儿”这样的固定位置。我目前采用的方法，是大致将食品分类按区域管理。例如纳豆、食用辣油等属于“米饭伴侣”，生鲜食品、剩菜剩饭等属于“近期应该要吃完的东西”。托盘上面用标签标明这个是什么种类的，那么只要扫一眼就明白了。

矮一些的瓶瓶罐罐放在靠前位置

我家的冰箱最上层中间处比较窄，所以我横着放了一个长方形托盘，里面排列着瓶装食品和调味料等。为了能看见后面，前面放稍微矮一点的东西。这样一整排就能一览无余，不会因为长期漏用哪一样而造成浪费。

百分百利用率的食品放在中间层

图中右侧是迷你装的“饮料”。我们夫妻二人喝不完一升装的，所以这个容量的感觉刚刚好。可以将整个托盘拿出来方便挑选，这个方法也受到了客人的好评。图中左侧是“米饭伴侣”，集中放在一起就不会找不到，也不会因为忘记吃而放到过期。固定放置处一看就能懂，这样一来，丈夫也能自动把物品好好放回原处了。

重要的留白

冰箱下层有一个空间什么也没有放，因此可以用来方便地放入整个锅。顺便一提，这个冰箱本来是4层构造，我去掉了其中一层，打造了一个有足够高度的收纳空间。

我经常碰到这样的情况：在客户家里，发现冰箱门内侧的搁架上还有过期了两年的调味料，这实在是太可惜了。浪费的不仅仅是调味料，还有收纳空间。门内侧的搁架是冰箱里取放东西最方便的“一等位”，不在这里放使用频率高的东西，实在说不过去。换做是我的话，会把很多常用食材固定放在这里，比如很多菜式里都要用到的培根、火腿和芝士等。

鸡蛋摆在包装盒里一起放进冰箱

因为要一个个放鸡蛋的话很麻烦，所以我取掉了冰箱自带的鸡蛋托盘，把买来的鸡蛋连同包装盒一起放进冰箱。包装盒盖用裁纸刀切开扔掉，保质期写在遮蔽胶带上贴到搁架上即可。

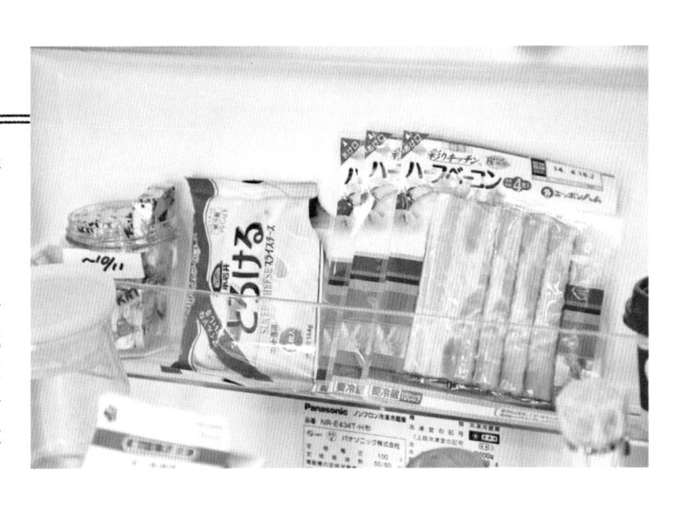

加工肉制品、乳制品也放进内侧搁架

培根、火腿、芝士等食材在很多菜里都要用到，却常常会被遗忘。这些食材如果放进冷藏室里，会更容易被忽视，然后放着放着就过期了。反之，如果打开冰箱它们就能映入眼帘的话，脑海中会立马浮现出菜单，使你产生想做菜的心情。

玻璃杯也冰起来吧

倒啤酒用的玻璃杯，就放在啤酒的旁边。不仅马上就能享受到透心凉的冰爽感，而且两样东西同时一下子取出来真是相当方便。这才是为自己和家人着想的真本事！

冷冻室里面

本来这个冷冻室是上下两层的，但是为了一眼就看出来里面放的所有东西，我去掉了上面一层，并用3个无印良品的亚克力CD架在后面分出了“肉”“鱼”和“便当小菜“的固定位置，最前面则收纳面包、米饭和乌冬面等食物。

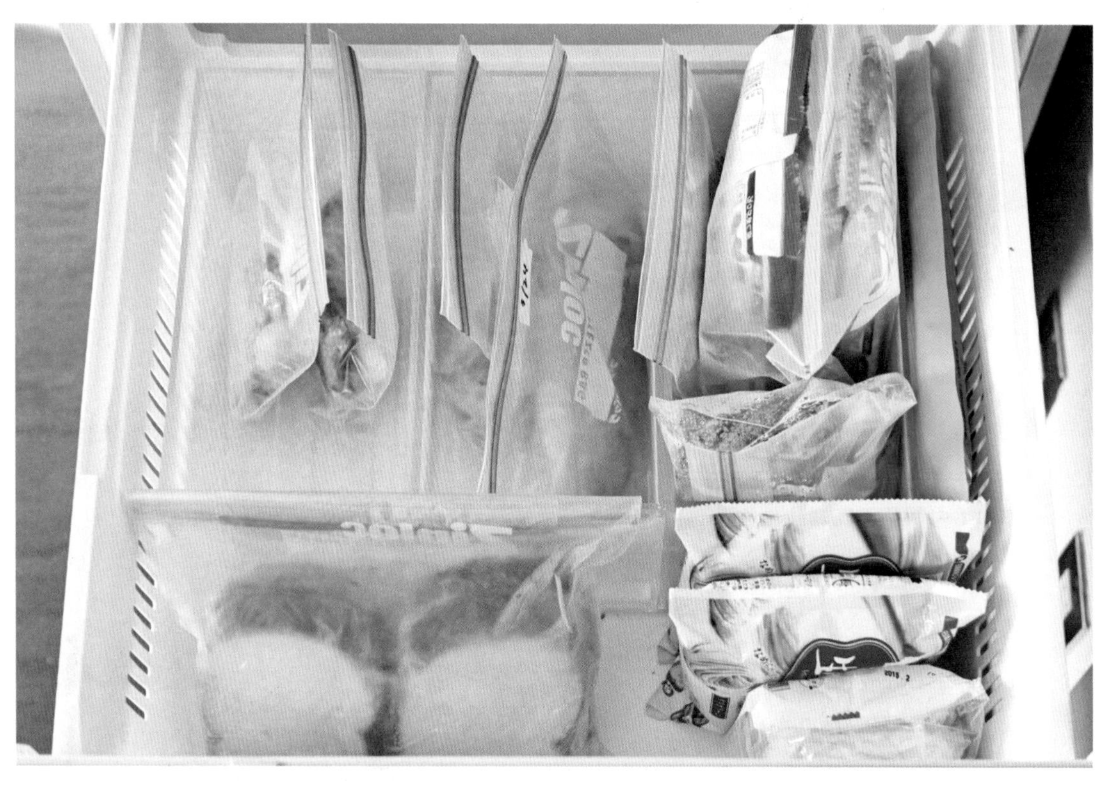

用密封袋使食材竖起来

保存肉类和鱼类时，可以把一次要用的量用保鲜膜包起来，然后把几个这样的小包装放在密封袋里进行冷冻。这样做不仅可以防止气味溢出，还可以让食材在冰箱里竖着保存。所有东西都立起来以后，就不会出现食材被压在下面进而被遗忘的状况。密封袋上写好内容和冷冻日期，管理起来也很方便。

冷冻食品每三个放一起

为了方便给丈夫做便当，我在冰箱里常备有2~3种冷冻食品。逐个开封，然后将每三个不同种类的归在一起放进密封袋。要用的时候可以一下子取出，不需要一次次地打开再密封。

蔬菜室里面

蔬菜室里最重要的也是要一目了然。蔬菜放在浅抽屉下面的话容易看不见，所以我尽量不使用这里。浅抽屉里面放球形的、薄的东西，下方靠前位置则放高一点的东西，按照形状来收纳。这样一来，一眼就能看清楚全部内容，不仅更方便考虑菜单，也有助于更多地使用不同蔬菜来烹饪。

蔬菜立即放入密封袋

买回来的蔬菜和水果，我都会立刻放进密封袋冷藏保存。比起直接放进冷藏室，这样做会显著延长保鲜时间。托密封袋的福，蔬菜得以更长时间保存，我也因此养成了做蔬菜汁喝的习惯。

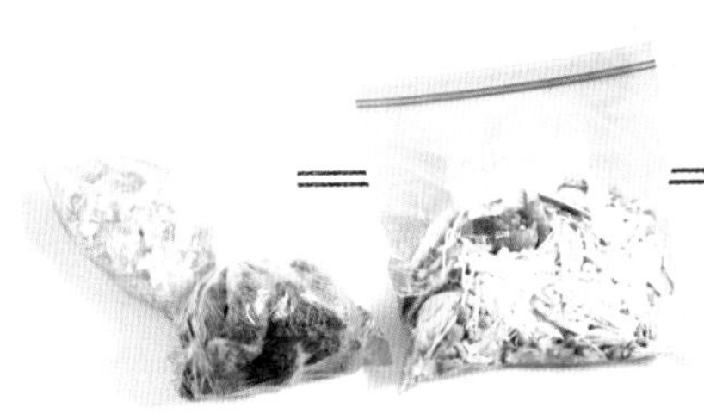

懒得准备，备料出场

把蔬菜归在一起切好，放进塑料袋保存。西兰花、芦笋、秋葵等可以焯好以后保存。菌菇类的则可以在焯好后撒点盐，放进密封袋里当作干货。比较忙或者很累时(反正就是犯懒不想做菜的时候)，就是这样的备料大放异彩的时间啦。

药,找起来容易,吃起来方便

对于常备药、处方药、口罩、喉糖等健康类物品的收纳，大家都希望一看就明白是什么、方便取出，因为很多时候急着要用或是外出的时候需要携带。我们家急救箱里的所有物品都尽在掌控中，为此我可是花了不少精力呢。绝不会出现需要的时候一边喊着“那个药在哪里”，一边到处寻找却找不到的情况。

为此，我把厨房里的无印良品收纳箱其中的一个抽屉作为药箱专用。水槽就在近前，可以马上喝水服药。药盒直立放入、口罩等薄的物品竖着插入，里面有什么东西一目了然，需要时可以很方便地取出。

使用率很高的头痛药，每次要服用的时候都得从盒子里取出来会很麻烦。于是，我把药从药盒里拿出来一粒粒剪好，放进小药盒里。而且，在标签上写好药的名称贴在药盒上，里面是什么药扫一眼就能知道，不会弄不清楚。

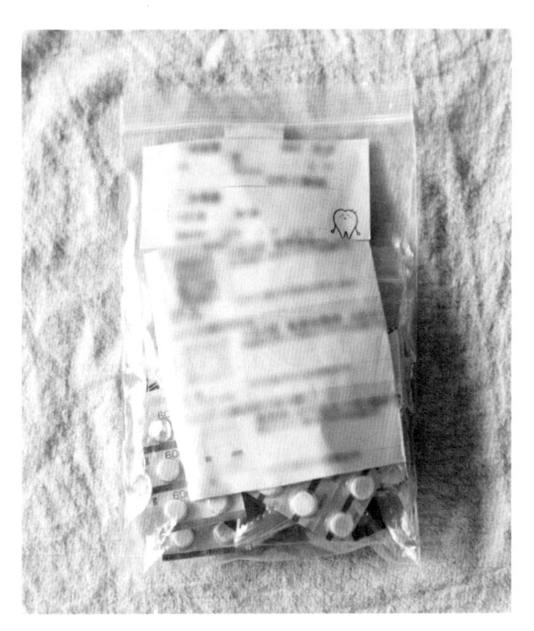

医院开的处方药，很多时候都没能全部吃完，会多出来。如果光是留着那些药，就谈不上收纳了，因此我把药和处方笺一起放进密封袋里。身体欠佳的时候，就可以循着当时的处方笺，自己对症服药。

经常吃的保健品和这段时间服用的药品，我习惯放在饮水机上面。附近就有饮用水，又是容易看见的地方，不会忘记吃药。这样一来，在日常活动轨迹中就可以服用必要的药品，有节省时间的优点。

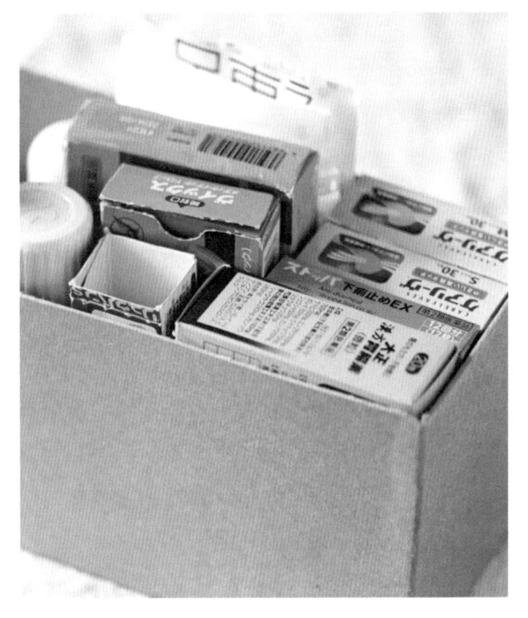

裁剪好纸质的文件盒，把药盒整个竖着放进里面。这样整个直接放进药箱里，一盒盒药就不会倒着一团乱。

4

无浪费的生活

忘记已经买过某样东西，又买了一个。

完全不用的东西，也买了回来。

现在还不需要，但提前买回来了。

日常生活中经常发生的这些状况，是造成超乎想象的大量浪费的一大要因。

注意不要浪费，小小的用心就能将生活变得轻松而充实。

很多人收纳不好的原因，就是东西太多。

不管怎样花工夫收纳，如果不断有东西涌进来，存取整理就会变得很困难。结果导致没有办法把拿出的东西放回原处，房间越来越难收拾。

东西不断增多的弊端，不仅仅是“没法收拾”。因为数量太多，所以会搞不清自己到底有些什么，忘记家里有哪些物品。忘记就等于没有。然后再去店里买回同样的东西，造成“双重购买”。相同的东西有两件，平白无故地增加了物品数量，导致东西多到都快放不下了。当然，花出去的钱也是双倍，家庭的双重购买、三重购买不断累积，这就是大大的“浪费金钱”吧。

另外，由于没有好好收拾，想要用的东西没法被立刻找到。是不是在这里？是不是在那里？转来转去地找，柜子开开合合，时不时询问家人。不仅会花大量“精力”和“时间”来找东西，甚至会产生想做的事情没法立刻开始的“压力”。

话说回来，你拥有的许许多多的物品，是否都是你经常要用的“必要”的东西呢？很多人的“空间”都被实际上并不需要的东西所占据着。这些东西是否只是一开始用了

库存只需装满就好

罐头和软包装食品的库存只要保持装满这个抽屉的量就行。不管价格多便宜，如果买了太多最后吃不完扔掉的话，也只是白白浪费罢了。

一下，然后慢慢变成了闲置品？事实上，回想一下当初买的时候，这个东西是否本来就是不需要的呢？

买了不需要的东西的这种浪费，会侵蚀你的“金钱”“精力”“时间”“心情”和“空间”，并造成“双重购买”，使房间变得难以收拾。

没错，**难以收拾的房间的根源问题不是收纳方法有误，也不是一家之主生活散漫，而是房主购物的时候不会分辨买的东西“是不是真的需要”。**

这种无意识中进行的浪费行为呈现螺旋上升的趋势，因此只有从源头的“购买”开始用心改变，才有可能使其终结。想想看，如果消除了日常生活中容易被人忽视的负面连锁效应，每天的生活将会变得多么轻松。对于生活中的浪费，如果不予以有意识的关注，许多情况下是不会发觉问题的。只有在扔掉过期食品的时候，才终于恍然大悟。

首先，想想自己是不是有浪费的购物行为吧。请回想一下家里的东西（特别是数量多的收纳物品）。拥有的物品较少的人，不大会有收纳上的烦恼。

护肤用品上写好开封日

开封的日期写在标签上贴好，用完的时候就可以知道自己的使用周期，而且还能方便地确认使用了多久，不会盲目囤货。

重新检视库存

在很多家庭的洗脸台上，都有数量惊人的洗面奶。就算是认为“我家不会这样”的人，也只是因为东西被收起来了看不到而已。还有的家庭，拿出来一看，光柔顺剂就有7瓶！

这些都是因为没有制定好囤货规则而造成的。每次去药妆店，只要觉得“好便宜哦，买了囤着也安心”，就会不知不觉地买东西回家。随着数量的增加，渐渐开始不清楚自己到底拥有多少东西。洗脸台架子上的空间被各种囤货占据，难以有效发挥作用。

至于食材，也是一样。你记得自己扔掉了多少还没吃完就已过期的牛奶、点心、面条吗？不管买时有多便宜、在店里逛的时候觉得有多好，不吃就是浪费。莫名其妙就把花出去的金钱、制作食物的人付出的劳动和食材本身都扔到沟渠里去了，徒增垃圾。

你知道自己家里各种物品的库存量应该保有多少吗？**准确把握消耗品的使用周期，养成节省保存空间的购物习惯，这很重要。**在我家，扫除用的洗涤剂存货是放在一块儿的，

衣物要用到最后

穿旧了要清理的T恤和缝制类的衣物，可以用剪刀剪成小块当抹布（一次性抹布）用。袜子可以直接戴在手上，沾一些酒精除菌剂擦拭马桶等。

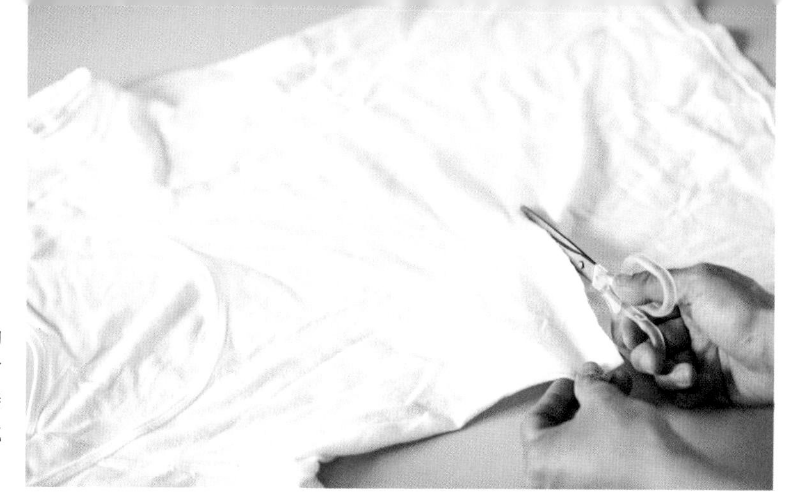

用完了以后再补买一个即可，规则非常简单。有人说忘记买东西后会感到不安，可是当今这个时代，基本上想要的东西都可以马上买到。而且，居住空间十分有限的人，一般都是住在东西用光了一出门就能买到的地区。如果把库存占用的居家空间换算成金钱，也许会比促销价省下来的金额大得多。

就算是拥有大量存储空间的人，也要注意把物品的量控制在自己能够管理且能高效发挥作用的状态。要知道，收纳方面需要花费的精力会随着物品数量的增多而增加。

从不足开始

结婚后刚住进这个小家的时候，我就下定决心“不能因为东西放不下，就去买很多收纳用家具”。这是为什么呢？因为不管能收纳多少东西，我都不喜欢家里被太多家具霸占。我们想以愉悦的心情吃饭、就寝，在家里悠闲地放松身心，那么这屋子总不能又窄又挤吧。

因为家里小，只要增加一两件东西，立马就会发觉地方变小了一点。所以我不会轻易往家里搬东西。例如，虽说我知道没有锤子就没法搭架子，但绝不会为这么偶尔的事情特意买个铁锤。我会想方设法看看身边的人有没有，借用一下。如果只是觉得“想要”，就买买买，那家里的东西当然会放不下。

我只有连续三次觉得“想要，有必要买”时，才会真的想要购买。然后，我会找和想要的用途完全合拍、能重复使用、买回来当天就能投入“实战”，并且坚固耐用的物品。在和理想的那一件物品相遇之前，就算勉强凑合，也绝不妥协，会坚持寻找。因为这个时候**如果随便选择了差不多的东西买回家，那就不得不和这个并不适合自己的东西“相处”好几年**。这和我追求理想生活的理念背道而驰。

现在，因为有太多东西而烦恼的读者，可以试着舍弃一些东西去生活。就算不立刻清理，也不妨在稍短的时间内试着把东西收进纸箱。比如，把不使用的工具藏起来，或者只留下4个杯子，把其他杯子都收起来。

不让衣物增多的机制

袜子要卷起来放进收纳篮里，因为不断塞进去的话，想要穿某双特定袜子的时候会变得难以取出。将容易买多的袜子和内衣等衣物限制在一定的收纳空间内进行管理，就不会使它们越变越多。

不忘记带，就不会在外面买

玄关前挂着的装“丈夫口袋物品”的篮子。丈夫回家的时候可以把口袋里的所有东西拿出来放在里面，外出的时候再装回去，这样就不会忘记带东西了。因为忘记带打火机而只能在外面买，然后家里存了好几个打火机的情况再不会发生了。

很多人会觉得，架子上有很多杯子是理所当然的事情。但有时也需要质疑一下，这种**“自己脑中的常识”真的有必要吗？**有时候你会发现，即使拥有的物品数量比“自己决定的常识数量”少得多，也完全可以好好生活。

而且我认为，当你以更少的物品数量去安排生活时，会更容易根据切身体会做出选择，“就用这个”，一拿一个准，收纳也会更轻松。

败给了欲望因而衣服不断增多

越是喜欢衣服的人，越是容易陷入一个问题：衣服越来越多，渐渐多到衣柜放不下。这种增加，当然不是衣服自己变多了，毫无疑问是自己接连不断买新衣服回来而造成的。而且，正因为喜欢衣服，所以也无法轻易地丢弃。

从中产生的，是**“衣服越多越难搭配”的矛盾。**自己想不起来有哪些衣服，于是只能把眼前的穿了又穿，搭配上的变化范围也会随之变得狭窄。**如果把握不了衣服的数量，那么有效地搭配运用就成了不可能完成的任务。**

所以说，最重要的还是购买时的意识。只是觉得“好漂亮”“好想要”就买的话，好不容易买来的衣服反而会没法物尽其用。这时候，需要冷静地想一想这几个问题：是不是已经有差不多的衣服了？买回去有收纳的地方吗？可以和已有的衣服搭配吗？斩断“好想要”的念想直接回家，确实很痛苦（我觉得很多人就是因为不喜欢这样的感觉而买衣服）。但是，**这样的你不是输给了物质，而是败给了自己的欲望。**曾经的我也会这样轻易地购买很多很多衣服，积累了“丰富”的失败经验。

后来，我在换季整理衣服的时候，把自己所有的衣服都拿了出来，分类清点数量，重新搞清楚自己拥有哪些衣服、各有多少件。有时间的话，还会举办“个人时装秀”，开发服装搭配的新组合。这样一来，就会明白自己需要的是哪些衣服、什么样的衣服方便轮换搭配、什么样的衣服不好穿。

对于认为有必要买的衣服，可以事先研究好，去几家熟悉的店里看看。确定能够充分穿搭利用了以后，再下手买。当然，有时候不论逛多少家店，都遇不到自己想买的衣服，于是就会想买稍微能入眼、觉得挺可爱的衣服。但这时可要忍耐啦，比如我就会晃到百货商场的地下，买个好吃的豆沙面包吃，让自己镇定下来。

以长远的眼光看

我在帮忙整理客人家的洗脸台时，常常会收拾出一大堆护肤用品。我发现其中有一些是用到一半就被遗忘了，然后就那样放了好几年。应该没有人会想把那种液体涂在刚洗好的脸上吧。

市场上有种类繁多的护肤品、护发品和身体护理用品……如果一出新商品就买，东西自然是越来越多。特别是美容液一类，因为短时间内用不完，往往用了一半的瓶子就那么竖在收纳箱里。而且又是价格比较高的东西，没办法轻易丢弃。

话虽如此，当你有了新烦恼（比如长了雀斑、头发变毛躁）的时候，就会想要依靠新的产品来解决。尽管这样，还是要用长远的眼光来看，先把手头的东西用完，然后再开封新产品。

有人喜欢在大减价或邮购的时候买一堆东西，但是这些商品在家里闲置也会变得不新鲜。此外，用了很长一段时间后，自己的肤质或者发质也可能会改变。

谨慎选择，然后把一样东西好好用完吧。买的时候先回顾一下自己目前为止的习惯和收纳方式，想一想“现在家里已经有哪些东西”“用得完吗”。

“购买”和“收纳”直接相关。收纳是为了理想生活而进行的场景准备。也就是说，买东西同样关系着你想要什么样的生活，以及你想要以怎样的姿态活着。为了不产生浪费，买东西时应该对物品进行认真思量。

调味料上也要标记开封日期

和美容护肤品一样，这样做能够知道自己家的消耗周期。“一个月大概用这么多”，像这样做到心中有数，购买库存的时机才能得以明确，不会胡乱多买，压缩家里的收纳空间。

冷冻食品上标记冷冻日期

对于食材，我的目标是：零浪费。肉类和鱼类等食材如果不在冷冻后 2 ~ 3 周内吃完的话，味道会明显变差。标上日期，就不会不小心忘记了，也可以为了尽快吃掉而安排好菜单。

调味料要用小分量

我们家是两个人的生活，所以沙拉酱和番茄酱等调味料只要小瓶的就够用了。这个手掌大小的，可以在一个月内用完。不管什么调味料，如果买得超过了需要的量，只会变质，徒增浪费而已。

小袋子、钱包里
只放最低限度的必需品

放补妆用的粉饼、腮红、护手霜的小袋子和除了现金外还集中放着卡片的钱包等，我想说一说关于这些“随身物品”的收纳。基本上，因为要带着它们去别的地方，所以里面的东西要少量精选，严格选择那些在外面也能有效发挥作用的物品。并且集中放置，不过分占据包内空间，这样才能外出一身轻、毫无压力。

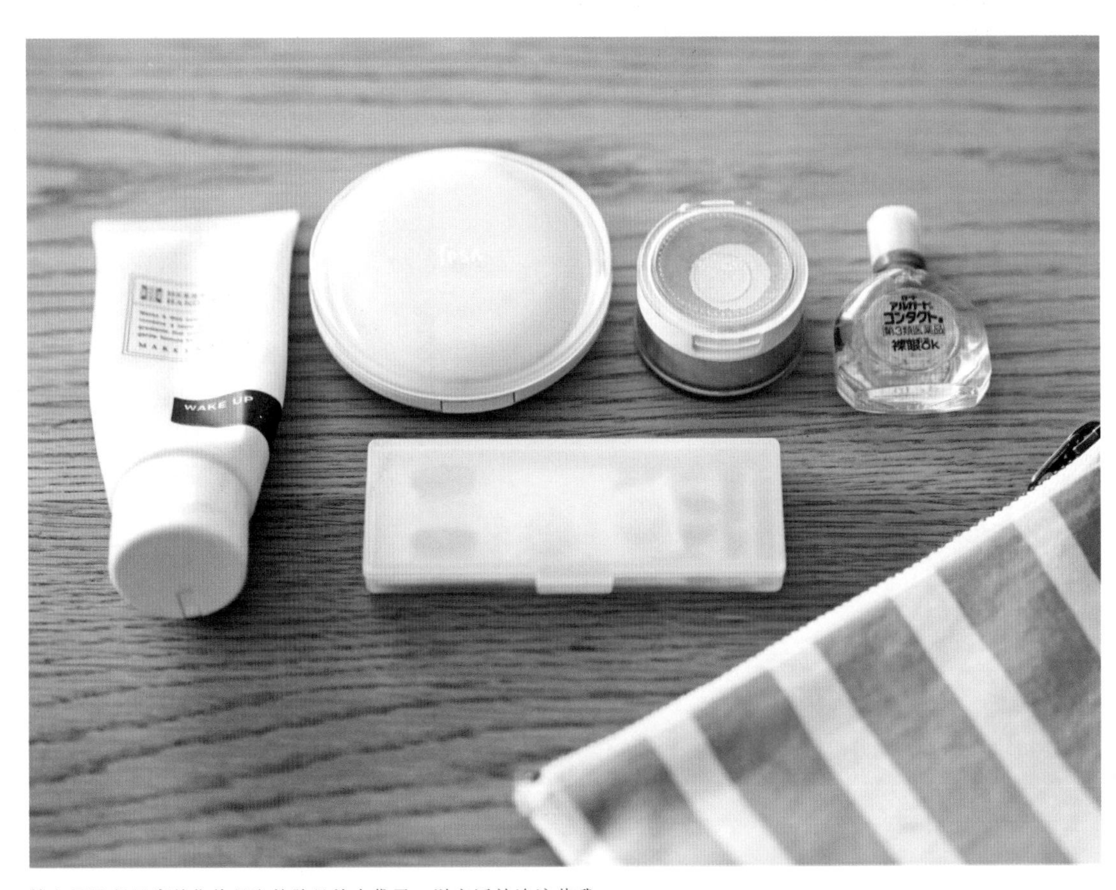

放入了最低限度的化妆品和护肤品的小袋子。说实话就连这些我也不想拿着走，但无论如何都需要的时候，就把小袋子放进包里好了。因为如果不带着它，就得在其他地方再买，那样东西只会又多出来。我的眼睛有点干，所以必须带着眼药水；想要看起来气色好，所以要加上腮红（Ettusais）；皮肤出油时要用到粉饼(ipsa)。头痛药、肠胃药和创可贴一起放在无印良品小盒子里。冬季要带护手霜（Marks & Web），夏天则会换成防晒粉饼。

钱包里面有隔层，分开放置纸币和收据，整理收据时很有用。零钱包和主体的夹层里，常备有“隐蔽的1000日元”，在停车场付提车费时能派上用场。至于卡片类，可以在钱包最前面的一层放2张信用卡，后面一层放2张储蓄卡，再后面一层是会员卡，最里面一层放医保卡和驾驶证。像这样，把使用率最高的放在最外面。其他的卡片，只需选择和生活密切联系、日常生活经常要用的就好，比如Ponta卡（日本的通用积分卡）、干洗店的会员卡等。

5 令时间和思维『可视化』

“时间”和“应该做的事情”等在生活中非常重要，但却是看不见的。令这些部分“可视化”，就可以轻松把握它们，从而减少浪费、提高效率。

我到目前为止所推荐的“可视化”，主要都是关于收纳的。在收纳中，能一眼看清物件、把物件放进能够看清内里的容器、贴上标签让内容物更易于辨认等，这样的“可视化”动作很关键。**很多时候，看不见的东西的存在感会渐渐变得薄弱，最终我们会忘记它们的存在。**忘记就等于白买了。

与此相同，看不见的“时间”也很轻易就会被浪费掉。俗话说“时间就是金钱”，如此重要的东西却经常被拖拖拉拉、不知不觉地耗尽。开始从事这份工作之后，我深切体会到了这点。

以前在公司上班的时候，我对时间管理还比较上心。9点之前到公司，19点左右下班，时间固定。但是现在，作为家庭主妇兼独立整理收纳咨询师，所有时间都需要自己来掌控。

想在什么时候做多少工作都可以，也可以想偷懒就偷懒。因为没有一个确定的界线，所以时间一不小心就稀里糊涂地过去了。这样一来，做家务的时间和发展兴趣的时间就减少了，甚至可能波及工作，造成不好的影响。我现在觉得，非常有必要掌握在适当时间内集中精力做事的“**时间控制**”术。

为此，我想通过让时间可视化的方法来把握时间，于是做某件事情的时候会用计时器来计算时间。

例如，已经是秋天了，电风扇还放在外面。这是因为我觉得“不洗干净放进壁橱不行啊……好麻烦”才拖延至今的结果。于是我试着用计时器，边计时边开始干活。把电风扇的叶片和防护罩取下来洗好，不能洗的地方用湿布擦净。本来因为形状复杂导致不太想洗，可是算了下时间，发现仅用8分钟就搞定了。

細川さんに
TVボード案
3 MARCH
1 2
3 4 5 6 7 8 9
10 11 12 13 14 15 16
17 18 19 20 21 22 23
24 25 26 27 28 29 30
31

这样试着让时间“可视化”之后，我注意到好几种家务活也都只要10分钟就能完成。请你试着计算一下你花在觉得麻烦的家务活上的时间，比如扫地和洗碗。其实大多家务只要做10分钟左右就结束了。

不知道要花多少时间的话，就会把一点点杂活想得很费劲，懒得行动。但是如果知道这件事情花不了10分钟，就不大容易产生“讨厌”的排斥情绪了。你可以掌握时间的感觉，集中精神迅速完成家务活。

每个人一天都只有24个小时。这其中，睡眠时间、做饭时间、工作时间、看书休闲的时间……怎样才能好好安排呢？我觉得时间的使用方法和收纳是一个道理，**合理地安排时间，不得不做的杂事就不会在未来堆积成山，原本忙乱不堪的每一天也会重拾平静。**

思维可视化

觉得“不知为何提不起干劲”，这一般是因为这件事情看不见、摸不着。磨磨唧唧，稀里糊涂，没办法开展工作和做家务。我没有去想“为什么总是稀里糊涂的”，而是把“必须要做的事”写了下来。

本来我就是一个喜欢用书写来整理思绪的人。在学生时代，除了上课时记的笔记，我还做了一本专门记录重点的笔记。不光用文字，还利用箭头和符号，努力以图文并茂的方法掌握知识。长大成人后，这个方法也可用于日常生活和工作。

写下必须要做的工作和杂务，就算是很小的事情，也可以不管三七二十一先全部写出来。问题变得“可视化”以后，再整理思绪，就能够冷静地着手于应该要做的事了。比如，我会把诸如“洗床单”“去邮局”“把眼镜拿去修理店”等一不留神就会忘记的杂务，在大一点的便笺上分条列明。然后每完成一件，就打个已完成的记号。

不管是多小的杂事，写下来、处理好、消除掉的整个过程都能看得见，所以会获得成就感。“今天一天做了这么多事情。我好厉害！”像这样表扬自己，为明天注入活力。**用玩消除游戏的感觉去做日常的琐碎小事，既能完成任务，又能享受乐趣。**

除此之外，这样做还有一个优点：能用更高的效率完成杂事。“可视化”以后，就可

遮蔽胶带管理日程

把要横跨好几天的日程写在遮蔽胶带上，贴在手账里。这样一看就能发现“这段时间都会出差呢”。还有一个优点：日程有变更也方便移动。贴上揭下都很方便的遮蔽胶带，是制作个性化手账的好伙伴。

以一边看着备忘录，一边思考最优方案，比如出门去邮局时顺便把眼镜拿去修理。**如果不把内容可视化，就很难像这样实践能在最少时间内发挥最大效用的时间使用法。**

而且，“可视化”可以办到的远不止杂事。当烦恼将来想要成为怎样的人、做什么工作的时候，我会把想到的关键词、关联的信息都写在便笺纸上，然后贴在手账上。这样一来，思绪就会得到整理，通往理想方向的道路也会渐渐浮现在脑海中。“原来我想成为这样的人。所以接下来应该这么做”，该做的事情也清楚了。

不管是大事还是小事，让头脑中“模模糊糊”的事情“可视化”，对日常生活以及整个人生都有很大的贡献。

实现“可视化”的工具

令眼睛看不见的“时间”和“待办事项”可视化，可以让一整天过得更有效率。接下来介绍一下实现这一目标的工具。都是身边熟悉的物件，可以轻松尝试。

设置计时器

做起来需要一定注意力的事情，比如扫除和回复工作邮件等，可以用秒表功能试着测一下花费的时间。测了以后意外地发现，原来只花了很短的时间。知道时间后，下次开始做这样事情的心理难度应该就会降低。用计时器设定好目标时间，“在这个点以前完成”，做事情的动力也就上升了，非常有效。

22点的收工闹钟

为了使自由职业者的生活有规律一些，我把22点定为收工时间，在手机上设置了闹钟。感觉像是学校的铃声一样，能够好好分配一天的时间。说实话，也有22点以后继续工作的情况，但闹钟可以作为一个标准，防止我拖拖拉拉做到很晚。

用颜色把握日程

我在使用日历 app“Lifebear”。整理收纳日、接洽商谈日等，按照项目不同，可以用不同的颜色标记然后保存。将做好的日程表设定为手机的锁屏画面，扫一眼就能把握预定事项，到了约定日期，比起拿出手账翻找，这样查看更快速。

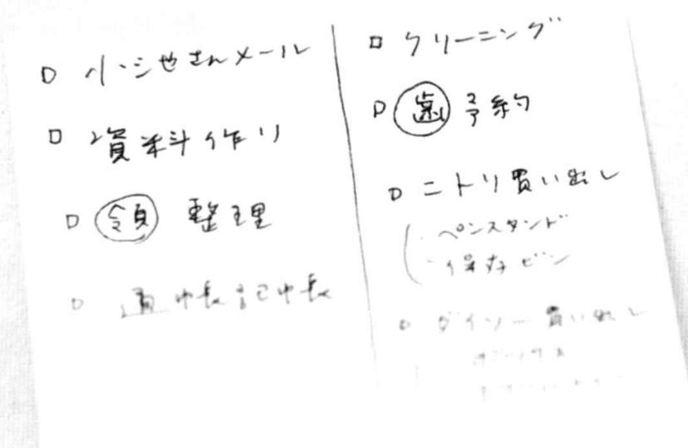

便笺纸上的待办事项

便笺纸的好处在于只要想到什么，就可以轻松地写出来。这一天把工作和家务事分开，然后写下今天要做的事情，完成以后核对一下再划去，最后抱着“辛苦了”“我今天很努力”的心情丢到垃圾桶里就好。

6 锻炼瞬间行动力

现在想入手这样的衣服、在外面发现了怦然心动的咖啡店想进去看看——为了掌握能把想做的事情立刻付诸实践的“瞬间行动力”，要坚持做好与之相关的“信息储备”。

“想要过的生活”和“想要成为的自己”，真正能够帮我们实现这些梦想的东西，不是那么容易就能找到的。比如一些器具也好、衣服也好、书籍也好，都是这样。当然，可以利用电脑和智能手机预先调查一下。有时候在偶尔看到的杂志上，也能找到想要的东西。但仅凭一己之力，查找范围毕竟有限。

在形形色色的信息源中，我最信赖、最期待的还是来自朋友的推荐。“你知道那家店吗？应该会合你口味哦”“这部电影超级好看”，朋友会在了解我的基础上给我推荐。收到推荐的瞬间，心也因为期待感而开始怦怦跳，如果是实体店的话，直到实际拜访那家店之前，我都会怀着一份憧憬激动的心情度过等待的时光。

从朋友那里得到的信息、自己找到的东西，我都会趁着还没忘记写在便笺纸上，然后贴到手账里。所谓信息，如果不能在想拿出来的时候拿出来，就会变得毫无价值。“这回要去的地方，貌似有一家店的派很好吃……”像这样想起来的时候，如果手边正好有店家的信息，立刻就能用上，但要是只用脑子记，就会经常想不起来，也就没有办法成行了。**觉得“想去”而得到的信息，要设定为自己真的要去，把信息保存起来，这很有必要。**

我会在一直随身携带的手账和智能手机里存储信息，想起什么的时候，立刻就能找出来用。让行动具有瞬间爆发力，这是不让机会溜走、立刻做自己想做的事的关键。

冰箱也是告示牌

喜欢的店里放着的小册子，大多是和那个店的感觉差不多的活动广告。将它们贴在冰箱上看得到的地方后，丈夫也能随时看见，就会顺其自然地做出“周末一起去看看吧”这样的决定了。

メモ

関東近郊

野尻湖 エルボスコ

日光イン

コルテラルゴイ伊豆高原

千本松 沼津倶楽部

美ヶ原温泉 すぎもと

山水閣（那須）

九州

手账里的“心愿单”。想要住一下的旅馆、想要逛的店分地区记在便笺纸上。其他几页，记着书和电影的名字。这样做可以提高瞬间行动力，比如“因为要去伊豆，就顺便去一下这里吧”，或者“去**TSUTAYA**（日本著名书店），借一本朋友推荐的书吧”。将信息记录在便笺纸上，收集和移动都会很便利。话虽如此，把便笺纸哗啦哗啦地贴满手账也不是很好，因此比起全部贴在上面，我在考虑下次把便笺本切成小块来用。

连接两点的路线上

因为工作而要外出的时候，我会事先调查一下，比如“难得去那边，回来路上有没有店可以买到咖啡豆呢”。去的地方越远，越是会觉得“没有收获的话不能回家”，从而干劲满满。对于连接自己家和目的地的“两点一线小旅程”，我不想只是移动一下就结束了。不管工作多么劳累，比起径直回家，在路上有新发现时总会更令人欢喜。**同样一条路，我希望能有“回家”和“发现”的双重收获。**

顺道去的店如果很棒的话，我的信息库存就又得到了补充。有了这样的积累后，“要去那附近的话，就拐进那家店吧”“想要这样的东西，就去那片区域吧”，像这样行动的范围就会更广、更深入了。虽然度过的时间是相同的，但充实感的比例大大增加了。

在路线上什么都没有找到的时候，我经常会顺道去汽车餐厅里的星巴克。对于经常开车的我来说，沿街可以停车的休憩场所非常宝贵。在不熟悉的地区要找到一个可以停车休息的地方，是相当困难的事情。在这里，我可以把自己带来的笔记本电脑打开，做一些回复邮件和文件制作的事务性工作。这里的优点在于，比在家里时更能集中注意力，而且在不了解的地方还能体验到期待的兴奋感。去过一次觉得还不错的话，以后就可以记起来“来这边时可以在这家店休息”。

信息可以诱导行动，行动又能获得信息。数据和智慧积蓄起来，充分利用时间的水平就会得到提高，生活也会因此而变得更加充实。

信息收集的应用篇

现在，信息收集的主要工具应该是电脑和智能手机吧。我的检索方法主要是“图片检索”，例如要去某个远一点的地方，我就会粗略地用“XX（地名）／器具”等关键词，进行图片检索。然后相关图片就会满满地排列在屏幕上。接下来，我会查看这其中最吸引我、感觉最喜欢的图片。点击查看以后，中意的器具创作人的名字、很有感觉的店铺、看起来挺有趣的展览厅信息就能一一显示了。另外，在寻找家具、衣服和咖啡等店铺的

尝试别人的推荐

从朋友那里知道的咖喱酱“印度之味”，简单又美味，如今已成为我家的必备库存品。每次我“不想做菜”的情绪还来不及表现在脸上，手下就唰唰地做好饭了。打破了“咖喱必须用盒子装”的固有概念，这是朋友带来的生活新风尚。

时候，图片检索用起来也十分便利。

此外，像这样在检索中找到的或是从认识的人那里听来然后去参加的展会，也是收集信息的场所。我一般参加得比较多的是器具和杂货等生活方面的展会，登记名字和住址以后，展会方会给我寄来今后活动的通知。如果在寄来的广告册中有我感兴趣的展会，就去参加，然后又会发现新的店铺和创作人。

在展览中取得的信息远不止这些，你还能够和创作人交流，听到关于作品的逸闻趣事。看到中意的器具时，如果再听到诸如“因为这个用色，才能呈现出这个角度的样子”等话题，对于这件器具的喜爱也会倍增。带回家里每次使用的时候，都会从心里发出欣赏赞叹，也就更加珍惜器具了。某个领域的专业人士讲述的故事、推荐的店铺、意料之外的生活习惯等，全是可以学习的东西。

而且我认为，人活一世，能改变自己的巨大激励因素果然还是“人”。和“Mugs”的井上先生相遇之后（参见第124页），我对此有了切身的感受。在那之前的我，是个不敢离开家乡、只求能在眼前的安宁之地过上安稳生活的人。为了上大学不得不来到东京，却在打工的地方遇到了当时的老板井上先生，从此人生有了巨大的变化。他教会我喝茶的美妙之处、如何无拘无束地旅行，和一些对事物的看法。从自己开始做起，快乐的事

推荐的爱书

最喜欢的诗人穗村弘的随笔《现实入门》《蚊子》。“Mugs”的井上先生推荐的小山薰堂的《无法思考的暗示》。向井邦雄的《最好的待客术》，适合推荐给做接待工作的读者们。《东京器具散步》是能使你对器具的想象飞驰起来的好书。借此机会，向大家介绍了最近爱看的书，希望其中有能引起大家共鸣的一本。

情便会接踵而至。

如果没有走出家乡的话，我一辈子都不可能遇到井上先生，也一辈子都没有机会进行这样的谈话吧。世界上有各色各样的人，有各式各样的选择。**自己想出来的路肯定有局限之处，所以能被别人提点说“这样走也可以”是多么有价值啊。**

与人的相遇，会成为突破人生的无与伦比的契机。

分享，连接

我有一个奇迹一般的朋友，她**“为了取得信息，会在自己周围布满‘天线’，选取优质的信息去尝试，然后将合我口味的信息以充满魅力的语言告诉我”**。她就是我的“天线宝宝”。每次见面或者通信时，她都会把优质的信息告诉我。当然，我也会不失时机地把信息记录在便笺纸上，粘到手账里。

实际去过那家店、读过那本书之后，我也不忘把感想反馈给她。比如跟她说:“果然很棒哦，谢谢你告诉我！”有了共鸣，共享信息的羁绊也就产生了。进一步地，更加了解彼此的兴趣点，加深信赖关系。

我在看到很棒的店铺和有意思的活动时，也会想着要告诉“应该会喜欢”的那个ta。虽然我没有很多朋友，但我很珍惜这种深入的人际关系。有了想要推荐给别人的东西，就等于拥有了和人加深交情的机会。**因为，向对方提供信息，就是心里想着对方的表现。**

最近，我听朋友说“‘印度之味’这个咖喱酱很不错”，于是在超市看见的时候就买了回来。这种瓶装的咖喱酱，如果不是朋友推荐的话，我是绝对不会买的吧。实际用了以后，我发现真的很美味，而且烹制起来也很简单。没过多久，这种咖喱酱就成了屡屡登上我家饭桌的固定菜品。这样的信息，光是循着自己原有的兴趣方向是找不到的吧，而它为生活带来了新风象，甚至培养了新的习惯。接收别人的信息而发现的新世界，非常有魅力呢。

锻炼瞬间行动力，编织丰富多彩的人生

向感兴趣的方向张开天线，提高收集信息的能力，是我一生的课题。想用的时候就能把需要的东西（信息）马上取出来这一点，和理想的收纳方式是一样的。**立刻付诸行动的瞬间爆发力，是能帮助我们过上理想生活的力量。**另外，通过给重要的人提供信息，我们可以共享丰富多彩的人生，同时创造更为和谐的人际关系。

年纪大了却依然充满魅力的人，总给人一种步伐轻盈、会出现在各种各样场合的印象。而且对于新事物，他们会毫不厌烦地接纳。**这也是在两点之间的线上发现的有趣事物，因此从这个角度来说，人生就如同下班回家的路。**从出生到死亡，两点一线，看你想看的、吃你想吃的。坦率地直面自己的欲求，这些关系着你是否能过上无悔的生活。

为了这一目标，你需要锻炼的正是“瞬间行动力”。

7 生活的乐趣目录

这里给大家介绍一些点亮我每一天的“快乐时光”。
花一点小心思，生活会立刻变得丰富多彩。

我想很多人在旅行或是闲暇的时候，都会觉得心情豁然开朗，一扫往日的阴郁。我也很喜欢旅行，但我们不用必须跳出生活，在日常里也可以寻找到快乐。比起一年几次的“豁然开朗”，我更想找到平淡日子里的小小乐趣。

比如，我想每天都能喝到美味的咖啡。虽然这是微不足道的小事，但对我来说却是无可替代的休闲时间。所以，我尽量每次都买一点煎焙好的咖啡豆，然后等到沏咖啡的时候再磨。最省事的也许是沸水就能泡好的速溶咖啡，可以大量购买囤在家里，不需要补货。但是**对于喜爱咖啡的我来说，比起省事，能喝到美味咖啡的价值要大得多。**只要“喝上咖啡”，一瞬间整个人都会精神焕发。

喝咖啡的时候，比起随便拿来就用的杯子，用自己最喜欢的杯子喝味道会更迷人。而且，比起在凌乱的房间里喝咖啡，舒舒服服地坐在干净整齐的房间沙发上，眺望着眼前的绿色，那可要幸福得多呢。

不要向“装模作样”的生活“物品”“场所”和“习惯”妥协，去追求自己想要的一切吧。只需花一点小心思，你度过的时光的品质就会截然不同，生活也会越变越多彩。**生活的乐趣不是源自“会不会有什么好事发生呢”这样被动的态度，而是源自“这样做的话不就幸福多了吗”这种主动的态度。**

磨炼幸福的感知度

把日常的一个场景变得幸福，实际上是挺简单的事。

喝咖啡、看电视，都是顺着自己的意愿做出的行动，并不是“没有多想”就做的事。“要喝美味的咖啡”，于是充满期待地沏咖啡。“要舒舒服服地看电视剧”，于是怀着满足的心情打开电视机。自己的行动，是由自己的想法选择决定的。如果抱着特别的心情去度过自由时间，充实感会更不一样。

家里再小、能自由支配的时间和金钱再少，总能做些事情来治愈自己，让心情雀跃的时光像宝石一样镶满你的生活。不必做什么特殊的事情，只要保持内心丰富，日子就会随之多彩起来。

还有件事很重要，那就是为提高幸福的感知度而进行的场景准备。因为在杂乱的环境中，“自己真正想做的事情”会被埋没。“其实想做点心”“其实想插花”等，想将这些兴趣融入繁杂忙碌的日常生活里是很困难的。

整理好你的家，将它打理成一个能够感受到日常小确幸的空间，是开启幸福生活的第一步。

乐趣 ①

茶歇时间

从咯吱咯吱磨咖啡豆这个动作起，幸福就开启了。咖啡豆的芳香充溢着整个房间，香气渐浓，情绪也随之高昂。在沏咖啡的时候，不由地会想象喝咖啡的自己。“想必能度过不错的时光呢”，细细品味咖啡时间的小幸福。

由于要谈事情或上门做采访，所以来我家的客人挺多的。为客人们准备的茶杯都不一样，但每一个都是我自己很中意的。“这个茶杯不错呀”“这茶真好喝”，每次听到客人这样的感叹时，我都会很高兴。

我非常喜欢茶馆。以前甚至会出门逛逛一直想去的店，然后记录在本子上。当然，我也很喜欢喝茶，但如果这家茶馆的环境足够舒适，会让我更加兴致勃勃。坐下是否舒服、光照是否充足，还有最重要的空间设计能不能让人感觉有“请尽情放松身心吧”的待客之道，这些会让我很有兴趣。

如果能在家里实现这样舒适的空间，该多么美好啊。像自己招待自己一样，把茶几擦得干净明亮，想看的杂志放在上面，再用心沏一壶好茶。为了充分享受工作间隙的休息时间乃至心情明媚的每一天，先把注意力集中到喝茶这件事上，放松身心、和丈夫聊聊天。对我们家来说，这样的茶歇时光，已经变成日常生活里不可或缺的重要习惯了。

此外，在家里招待客户也是一桩乐事。这是一种把我喜欢的生活分享给客户的感觉。我会干劲十足暗下决心，客人好不容易来一趟，一定要让他们好好放松一下！端茶的时候，附上擦手毛巾和小点心，一人一个盘子装好端出去，让他们放开吃。虽然把点心集中起来放在中间的大盘子里会省去很多工夫，但由于我想要宾至如归地招待客人，所以创造出了这样的待客方法。

擦手毛巾和一人一份的小点心，都是我想着自己如果被如此招待了也会很开心而做出的改变。当客人说“你这里实在太舒服了，我都不想回去了”的时候，这次招待就有了意义，让我格外欣慰。

乐趣②

开一个阳台咖啡馆

“今天难得天气这么好，一整天都没有出去呢”，这样的日子里，我灵机一动，想到可以在阳台上喝咖啡。

磨着咖啡豆，沏好咖啡，再加上一两块小点心。准备好以后，将它们全部端到阳台。感受着清风拂过脸颊的感觉，体味着终于来到室外的自由，这时享用的这杯咖啡是多么美味啊！

只是在阳台喝咖啡，就仿佛在做一件极其奢侈的事情一般，让人沉浸其中。从阳台上眺望远处的风景也是乐趣之一，比如散步的人、遛狗的人、自行车后座上带着孩子的妈妈。若是来来去去的是年轻人，脑子里就会想象，他们是不是在这附近工作呢。

生活中松口气休息一会儿，看看居住在同一个街区的人们，这也是阳台咖啡馆的妙趣所在。如果住在市中心的话，想要感受生活的气息可能比较困难，而我家恰好是充满了生活感的郊外。附近有个棒球场，可以听到少年们的呐喊声。不只是喝咖啡，黄昏将至时也可以来杯啤酒，远眺我家门前的中意风景。**喝完一杯酒的时间，就这样变成了日常生活中小小的特别时光。**

我想要珍惜这样小小的特别，一天一天地生活下去。

事先在保温杯中倒入咖啡，就可以享受两杯份的阳台咖啡了。有时候丈夫也会参与进来，两个人一起眺望风景。

乐趣③

去野餐吧

上大学时，我和朋友一起创办了名为“野餐爱好会”的社团。我会带上野餐垫，在壶里倒好茶，有时候也会点上香薰。因为我做的这些周到的准备，朋友们还送了我一个“野餐师”的称号。

所谓野餐，就是阳台咖啡馆的奢华版。躺下来一边聆听小鸟悦耳的叫声，一边透过树梢缝隙仰望天空……在外面用餐、放松时，真的可以体味到极致的休闲感。

走进附近的公园等外出时看到的景色不错的场所，铺上野餐垫，就算野餐了。所以我的车里常备有休闲毯。最近我新添了固定的物件——一把户外用椅，坐在上面发发呆，感觉整个身心都舒畅了。

说到户外，虽然最近一直在BBQ和露营，但野餐的一大优点就是不需要大张旗鼓地准备。一个人可以野餐，和很多人一起也可以。把沙拉塞进密封罐里，再从附近的面包店和百货商场的地下卖场里购置一些食材就好，不需要逞强做便当之类的食物。

休息的日子里，和丈夫一起去野餐。或者，正好朋友带着小孩来，**“要不要去野餐”，只要一句话就能轻松开启休闲时光。**吃喜欢的食物、打打羽毛球，每个人都可以用自己喜欢的方式度过野餐时间。虽然我很多时候都不小心睡着了……总之，这是相当舒服的一项活动。

常用物品

1

2

3

4

5

1. 和丈夫一起外出玩时经常用到的物品。飞盘是从十几岁开始用到现在的。羽毛球是我的拿手项目，以前部门活动的时候经常打，和丈夫对决时我可认真了。2. 这也是我十几岁开始就喜欢用的coleman休闲毯。触感好，内侧有可靠的防水处理。虽然有一些破损，带子也有些松弛，但因为和它共同经历了很多户外活动，所以不想就这么丢掉。3. Snow peak的保鲜拎包，可以挎在肩上，携带方便。4. Bose的外放音响。平时也在家里用的“SoundLink”小音响，可以用蓝牙连接手机，播放手机里的音乐。5. DANA DESIGN的便携椅。往坐垫里充入空气后就能使用，是舒适度最佳的无腿座椅。

乐趣 ④

收集器具

杂货店“小部屋”里发现的夫妻茶杯。从此，开启了我对“器具”的眷恋。最难过的莫过于好不容易找到了极好的器具，但考虑到收纳空间却没办法买。用起来是否顺手、会不会经常用到、方不方便收拾，我会从方方面面进行判断，之后才买回家。

咖啡馆“Kousha”里的饭高幸作先生制作的小碟子。来客人的时候，用来呈放茶点正合适。朴素的白色表面会让小点心看起来更可爱、更好吃。

以前的我，对于器具并没有那么大的兴趣，还是师父“Mugs”的井上先生为我打开了通往这个世界的入口。在打工的地方看到Fireking系列器具时，我深刻地感受到了它的功能美，然后就踏入了器具世界。因为自己很喜欢，所以买了些马克杯和碗，但是Fireking系列很难收集齐，而且成本也很高。结婚后，我家的厨房里全都是看起来很清爽、摔坏了也可补买的无印良品白色餐具。因为在那之前，我自己家里的餐具一直缺乏统一感，让我耿耿于怀。

以“饭碗”为契机，我对手工匠人制作的器具萌生了兴趣。我是“米饭派”，所以饭碗对我来说是特别的存在。在那之前，我用的是小小的、拿起来热热的饭碗，在遇到“打从心底喜欢的东西”之前，都没有随便换掉它。随后，我在京都的杂货店里，遇见了如今正在使用的广川绘麻老师制作的饭碗。它富有质感、颜色柔和，旋转一圈时还会随着角度的变化呈现出不同样子，当时我对它一见钟情。从此以后，每次拿着它吃饭的时候心里都是美美的。

此外，**对于不喜欢烹饪的我来说，器具也成了使我不讨厌做菜的重要动力**。而且，换成了喜爱的器具以后，取放动作仿佛都变小心了，摔坏餐具的情况也变少了。

“什么时候一定要买个漆器的木碗”，这个梦想去年实现了。赤木明登的饭碗，当作汤碗使用中。等使用时间长了，会在上面留下我们生活的痕迹，这也是一种乐趣。

一直憧憬的三谷龙二的木质浅碟，趁老师在埼玉县北本市的展览厅“yaichi”开个人展的时候买了下来。面包、沙拉、烤鱼，放什么上去都显得很美味。

我喜爱的器具

后藤义国老师的“刀棱杯”，在埼玉县川口市“senkiya”举办的某个活动中购入。等间距的花纹很美。

北海道高桥工艺屋的名品“Kami glass free”，在冈山一家名叫“pibico”的店里与它相遇。店主推荐说：“用起来很顺手，平时都可以用得上哦。”买回来以后果真很好用，而且质地很轻不易破损，在茶碗中属于超级1队。

平时我一般不会买质地较粗糙的器具，但对这个茶碗却是一见钟情。我可以想象出用它装满茶水的样子。这是在神户一家名叫“草灯舍”的店里购入的。那家店里的所有东西我都很喜欢。

林里美老师的五寸钵，是丈夫旅行时带回来的礼物。她本来是我丈夫喜欢的匠人，最开始我觉得她的风格可能有点太可爱了，但自从用了这个器具以后，我也成了她的粉丝。非常好用，很美观。

中园晋作老师的浅碟，在埼玉市一个名叫“linne”的杂货店购入。从店主高濑先生那里，我听到了关于器具和创作匠人们的故事，非常有趣。这个碟子一般用来装蛋糕和面包。

阿部春弥老师的“绿铁釉扁盘”，在长野县上田市的旅店“三水馆”购入。五寸碟（直径约15cm）正好是盛放两人份小菜的大小，用来装甜点也很合适，用途广泛。

饭干佑美子设计的平底大酒杯，在吉祥寺的“gallery feve”举办的个人展上入手。饮料盛在里面看起来冰冰凉凉的，甚是美味。

在金泽的家具店“TORi”里找到的，餐桌装饰品牌“Yenware“的钵。色调柔和，设计简洁。

远野秀子老师创作的牛奶罐尺寸大小的器具，在“senkiya”的活动“与大海、森林的食粮和器具有缘相会的个人展”上购入。有时候作为沙拉调料碗使用。

乐趣⑤

信件交流

每个月，我都会从我的“天线宝宝”好朋友那里收到一次书信。这种像是她专门写给我的散文一样的信件交流，已经持续了7年，是我珍藏的独家乐趣。她善于用自己独有的灵感，从日常的零碎小事中发掘乐趣。然后把一些正中我下怀的趣事，加上她自成一派的注释写下来告诉我。她的文字表现力也很丰富，仿佛是我的语文老师一般。

书信越积越多后，我注意到如果把它们塞进箱子里，就很少会有机会再拿出来看了。于是我准备了一本A4笔记本，把书信都贴在里面。不光是书信，收到的卡片、照片、旅行时的地图和票据等，全部贴在这本笔记本里。像一本充满了回忆的杂志，可以随时翻阅重读。**每读一次，对书信和回忆的眷恋就会增加一分。**

有趣的是，这仅仅是由收到的东西所构成的一本笔记本，翻阅起来时却像自己的生活日志一样，因为书信会记录下当时朋友对我的烦恼的劝慰，一起旅行以后的感想等。翻阅的时候，当时的情景就会清晰地浮现在脑海里，就像是在“反刍”自己的人生。

我不是那种勤于笔耕的人，但写满一整页信纸也不需要特别费神。我当前要做的，就是给经常帮助我的人认真写一封感谢信。我深刻地体会到了，书信确实是加深人与人之间关系的很好的工具。

乐趣⑥

卫生间美术馆

我家的卫生间墙上贴了很多旅行的照片，做成了一个“美术馆”。做法非常简单。在excel表上粘贴6~8张照片，用A4大小的相片纸打印出来即可。如厕的时候眼睛比较闲，因此比起贴在其他地方，贴在卫生间里会更令人目不转睛吧。

我的习惯是每次出去旅行或者露营以后，就更新一次照片。这样不仅能够品味凝聚在一张相片纸上的满满回忆，同时照片上的蔚蓝大海和葱葱草木也为卫生间增添了不少色彩。

而且，这个美术馆成了我和丈夫交流沟通的手段。进了卫生间看到照片，出来的时候就会自然地聊起“当时那个东西好好吃啊”“今年还能不能再去呢”。

我之所以会尝试这个方法，是有段时间突然觉得最近都没有把照片拿出来好好看过。照片不打印出来就没有办法慢慢端详，只是作为数据储存在电脑和智能手机里而已。本来照片的功能就是用来观看和怀念的。像这样增加观看的机会，就等于活用了照片，增加了它们的价值。

一天之内总有好几次，会自然而然地将目光停留在卫生间美术馆上。**在小小的休憩空间内观看，心也随之进行了一次小小的旅行。**顺便一提，我还在考虑把更新后替换下来的相片纸放进透明文件夹里，做成相册呢。

总是一起行动的
搭档一般的存在

对于手提包，我是把爱用的包“一用到底派”。我用得最多的是大手提袋，因为只要一个动作就能把里面的东西拿出来，很方便。为了能从挎在肩膀上的包里顺利取出东西，我包里的每样东西都有固定的位置。举例来说，手机和唇膏放在小口袋里，钱包放在大口袋里。我常常把东西竖着收纳，这样轻轻一抽就可以拿出来。在一个手提包上面也开动下脑筋吧，这样使用时的顺手度会提高很多。

1. fabrica 品牌的大手提袋。在“senkiya”举办的订货会上订购的。皮革、帆布的组合，散发出恰到好处的成熟味道，我相当中意。2. Marks & Web 的手帕巾和护唇膏。手帕巾的一面是纱布，肌肤触感出众。护唇膏是薄荷加迷迭香的香型。3. ARTS & SCIENCE 的双折钱包。外表当然没的说，除了零钱袋之外还有四个隔层，可以分开放纸币，功能性很强。皮革越用越有味道，喜爱度也会随之增加。4. 爱车的钥匙。5. 名片夹是名叫“GRENSTOCK”的一家鞋店出品的。人生第一次订购自己的定制鞋时，我说起自己正在开始整理收纳的事业，没想到店家就把名片夹当作礼物送给了我！暖暖的人情味，给我留下了很深的印象。6. 月度手账。贴满了备忘录，做心愿单时也能派上用场。7. 化妆袋。带有挂扣，可以挂在手提包内的连接处，这是一大优点。8. 大尺寸的网眼袋。即使放进大手提包里，也不会找不到。可以收纳环保袋、口罩、湿巾等。

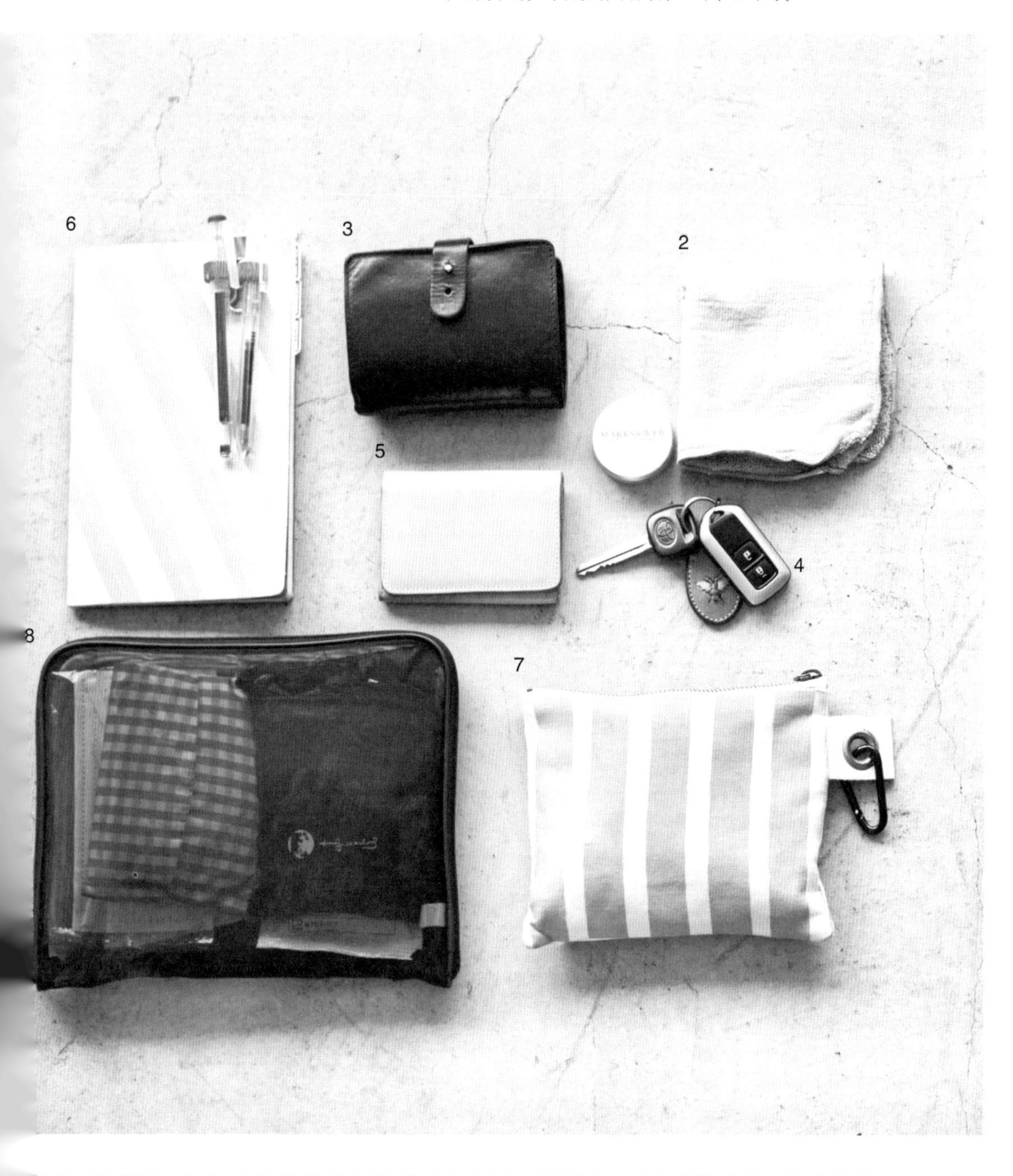

8

靠你了，无印良品

无印良品，是我在找东西时会第一个造访的地方。这里能真诚地直面每个人的生活，是我的休憩乐园。

入学、就职、结婚，随着环境改变，生活中会增加一些必需品。为了应对这些改变，我头一个涉足的地方总是无印良品。在这里没有找到中意的物品时，再去别的地方找。甚至，有时候没有想买的东西，但只是经过就会被吸引过去，这里就是散发着这样的魅力。

和无印良品的相遇，是在我的高中时期。不管是以前还是现在，我都很喜欢文具，也很爱个性化地摆弄文具，让它们用起来更顺手。简简单单的文具隐藏着多种可能性，可做个性化处理的范围也是因人而异。简简单单的记事本、笔、笔盒……当时我把活页本封皮和替换本组合起来，再装饰封面，做成了独一无二的大头贴手账。

家里重新装修的时候，我自己的房间要大变样，于是我去了无印良品采购东西。我第一次没有局限于小物，开始注意抽屉和置物架之类的收纳家具。实际上，现在家里在用的无印良品的PP收纳盒和纸板盒都是这个时候购入的，虽然已经过去了10年，但是用起来完全没问题。**它们坚固耐用、适合任何空间，并且能配合生活习惯变换用途。**简单、顺手，这十年来我不仅没有厌倦它们，反而越来越喜欢了。

“以人为本”的姿态

无印良品的商品给人一种不造作的洒脱感。看似没有什么设计，实际上却是彻底地为方便使用而进行了设计，比如对角线顶端位置的轮子、抽出时可以勾住的小洞等。为了适应生活里各种各样的场景，每一处设计都深入细节、考虑周到。

无印良品经常听取消费者的意见进行商品的改良，试用一下以后不禁令人感叹“原来如此，好方便啊”。**彻彻底底最优先考虑“使用者”的“顺手”的制造，我认为这样以人为本的姿态非常棒。**

从无印良品简单而不让人厌倦的设计里，我感觉到的是它并没有推崇“买了一个再买一个”“快把东西浪费掉吧”的消费观。生活用品也好、衣服也好，无印良品里没有华

双孔文件夹储存客户资料

越积越多的客户资料，放在可存档备查的“再生纸双孔拱形文件夹”内。里面用无印良品的目录，按照五十音图的顺序排列客户名字。资料虽然有点重，但文件夹很结实，所以不必担心损坏。深灰色显得商务气息浓厚，我非常中意。将来如果有了书房，我想把这个文件夹和其他的硬质纸浆系列收纳盒统一放置起来。

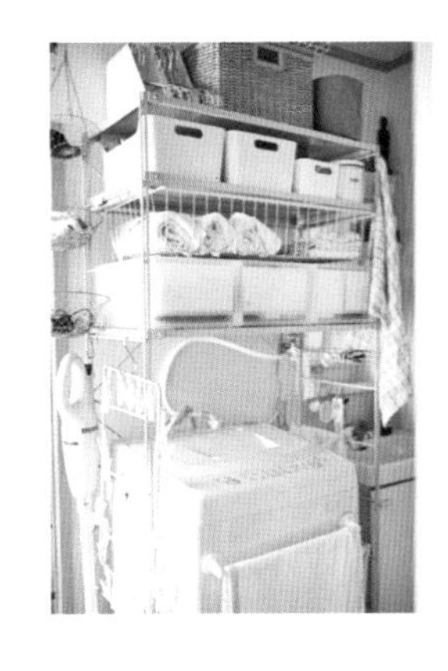

个性定制组合置物架

在无印良品的网上商店里，可以使用“组合置物架模拟器”来尝试各种各样的个性化组合。我家的盥洗置物架也是在电脑上模拟以后购入的。现在我为了向客户提出方案，也在频繁地使用这个模拟器。在这个置物架上，可以将树脂盒、钢丝置物篮（置物架的部件）、PP抽屉盒组合起来使用。因为是自己定制的，所以用起来非常顺手。

美却很少用得到的东西。装饰感浓重的东西，最终都会被人们厌倦；没有鲜艳的花纹但具备优良质地和功能的东西，却会随着时间流逝让人越来越喜欢。**无印良品的基本姿态，不是“这个很好”，而是“这个就够用了”。**如果物品上加上了小猫的花纹，就只会吸引喜欢猫的人，而功能性强的东西，却能让许许多多的人爱上。

正因为是不让人感到厌倦的东西，所以无印良品在商品的牢固度和使用持久度上追求极致。谁都有买了质量粗糙的东西结果没多久就不能用了的经历，但无印良品的东西不会如此。甚至，里面都是会让人发现“这个竟然能用好些年”的东西。它们价格绝对不能算便宜，但考虑到商品的材质和做工，买了绝不会吃亏。衣服的话，也是洗几十次都不会破损，可以无须顾虑地用力洗，让人不禁感叹这才是扎根真实生活的好产品啊。

越了解越喜欢

结婚后不久，我开始在附近的无印良品打工。作为员工参与其中后，这个牌子的魅力在我面前更是展现得淋漓尽致。

如果是我的话会怎么用呢？新商品层出不穷，想象力应接不暇。比如透明的收纳架、单独画有时钟图案的便笺纸等，它们完全没有“这个便笺纸要这样用”这种限定使用方法的说明，所以使用时的创新范围无限广。我个人对不管怎么使用都行的设计非常着迷。

而且不只是商品，整个店铺内的气氛也是一大魅力。因为打工，我每周都要去好几次，但每次都能感觉到“进入那个空间的幸福”。实际上，店铺的布局和商品的展示方法都是经过精心设计而配置的，不是一直一个样，而是随着季节、活动的不同经常变化。因为将那个时节的生活和商品一同展示了出来，所以消费者可以比较容易地想象怎样将商品应用到自己的生活中。

原本，无印良品就是一家商品全部独家原创、“生活物件全部齐备”的独一无二的店铺，其中的所有商品都和生活息息相关。身处其中时，总会让我觉得“这个买回家的话，会是这种感觉吧”，光是这样的想象就能让我的心情雀跃起来。

对于这个品牌的理念和姿态，我个人很有共鸣。**听取消费者的意见改良商品这一点，和我的想法——“生活的每一天都应该进行试错实验然后不断改良”——有异曲同工之妙。**

敏感肌用 all in one 美容液凝胶 100g 1000 日元（含税，以下同）
化妆水 敏感肌用 超保湿型 200ml 580 日元 / 无印良品 池袋西武百货（以下同）

爱用品①

护肤保养品

我本来就是干燥肌，最近感觉皮肤更干了，但有时还会冷不丁地冒痘痘，皮肤的状态很不好。于是我试着用了这个“敏感肌用”的化妆水和美容液凝胶，慢慢地肌肤状态稳定了下来。

无印良品的“敏感肌用护肤系列”没有香味，也没有多余的添加物，我很喜欢。以前我也试着用过高价的化妆水，但感觉和无印良品的并没有很大区别。这样的话，与其节省地用高价护肤品，不如好好使用合适的东西，这样对皮肤更好。

包装很简单，所以放在洗脸台不会有繁杂的感觉。化妆水瓶子可以换上喷雾头或者按压头，这种可以按照个人需求进行个性化处理的设计也很不错。

另外，还有小尺寸的瓶子，试用或者旅行携带的时候都很便利。

Miniloc 白色磁铁 附收纳架 1800 日元

爱用品 ②

迷你时钟

可以用磁铁吸附的时钟，贴在玄关门和排烟罩这两个地方。外出的时候看一眼玄关门上的时钟，就可以方便地控制出门的节奏，比如“还有5分钟公交车就来了”，要加快脚步，或是“反正来不及了，慢慢来吧”，又回到房间稍歇。排烟罩上的时钟则正好可以让我边准备早饭，边注意时间。顺便一提，我还在卫生间里放了表带坏掉的手表。

以看不见时钟的状态去生活，容易漫不经心，一不留神就会度过什么都没有做的一两个小时。把时钟放在不需要特地走过去就能看见的地方，随便瞄一眼时就能看到时间的感觉会更好。

这个时钟是磁铁吸附式的，可以轻松设置，同时又有支架，也可以变为摆放式。数字盘简单，看起来方便，我很喜欢。无印良品的时钟除这个之外，还有工业设计型的，就算是视力不好的人或是老人也能看清。无印良品在这些方面从不添加无用之物，而是会让人感受到实实在在的功能美感。

爱用品③

贺礼袋

贺礼袋 白色 中号 1 个
附长方袋 3 个 300 日元

去文具店找贺礼袋时，大多数都是装饰很多、略为夸张的。但是我不大喜欢闪闪发亮的设计，而是喜欢这种庄重朴素的。这种不管新郎还是新娘都可以使用的简洁设计，就算在宾客接待处由丈夫递出去也不会有违和感。

打工之前，我并不知道无印良品还有贺礼袋，自从知道后，我一直会在家里常备一个。最近周围掀起了结婚的浪潮，为了不至于临时手忙脚乱，我都会把贺礼袋和新纸币成套准备好。这样一来，无论什么时候收到请帖都不要紧了!

我也很喜欢用无印良品的信纸套装和一笔笺等纸质文具，这些都是不挑对象、无论什么场合都能使用的简单的纸质物件。

爱用品④

笔记用品

不锈钢笔套 2 支用 525 日元；来回擦就可以擦除笔迹的针管圆珠笔 黑色 0.4mm 180 日元；可以选择组合的三色圆珠笔 140 日元；替换装橘色、浅蓝色 0.4mm 笔芯，黑色 0.3mm 针管型笔芯全部 80 日元。

我固定挂在手账上随身携带的两支笔，是可擦除的黑色圆珠笔和可选三色组合的圆珠笔。三色笔可以自己选颜色放进去，我用的是橘色、浅蓝色和细黑。记录手账时，工作预定事项用橘色，私人事务用浅蓝色，其他则用黑色。只有黑色是0.3mm超细，这是为了在小小的空间里写下细细的字。第7章(第64页)介绍过的“心愿单”也是用这支笔写的。

因为是可擦除圆珠笔,所以不必写在便笺纸上，而是可以直接写进手账里，真的很方便，可以什么都不用顾虑地快速记笔记。

因为买了笔套，所以笔掉进手提袋里手忙脚乱找来找去的状况也没有了。记笔记也需要瞬间爆发力，如果找笔的时候把事情忘记了，或是失去了写下来的意愿，那么随身带笔的意义也就没有了。

爱用品 ⑤

藤编方形篮

可重叠藤编方形篮 约长 15cm、宽 22cm、高 9cm 1500 日元

无印良品的藤编方形篮，看上去就很“高大上”，放在哪里都自成风格。就算放在稍微显眼一点的地方，把小物件或者衣服放进去，也能收纳得很漂亮。不需要把要用的东西收进某个柜门里面，光是这么放着就可以取用，可谓是“场景准备”的得力伙伴。大一点的藤篮价格会高一点，但考虑到它的耐用程度，也就不觉得那么贵了。

我把小号的这个篮子放在当作衣橱用的壁柜里，掀开壁柜帘子立刻就能看到，就在袜子收纳的正下方。这里面放着换衣服时要用的除臭剂、痱子粉（夏季）和保湿身体乳（冬季）等。刚好可以单手拿起的尺寸，搬运方便，收集小物件也很便利。把它放在容易取到的地方，里面的东西使用起来也就容易多了。

爱用品 ⑥

保鲜膜盒

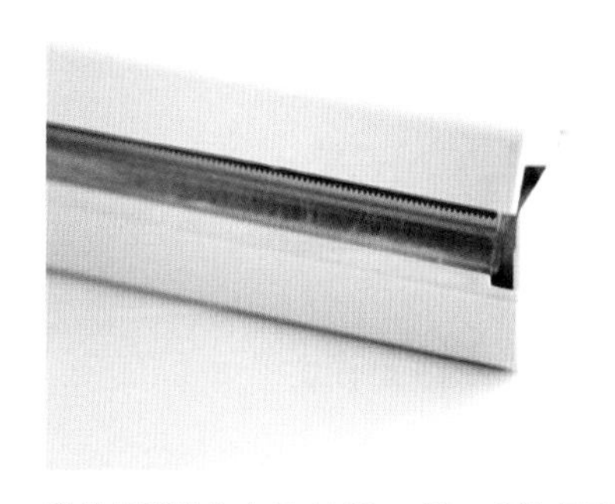

磁性保鲜膜盒 大号 长 25 ~ 30cm 900 日元

使用白色保鲜膜盒的理由，是不想给厨房增加视觉上的杂乱感。如果在中意的高雅器具旁边摆上一个太过鲜艳的保鲜膜盒，那么烹饪的动力都会有下降的危险。使用简单朴素、能够融入场景的保鲜膜盒，就不会有这种担心了。

另外一点也很棒，因为有磁力，所以它可以紧紧贴在我家的不锈钢置物架上。烹饪中或者要收拾时，一般都会匆匆忙忙地用到保鲜膜，所以我想把它收纳在不需要什么开门动作、取用不费劲的地方。话说，以前用的没有磁力的保鲜膜盒经常有掉落下来破损的状况。

没有比紧紧一贴即可收纳更轻松、更安全的办法了。这无疑是无印良品“无微不至设计”的其中一款。

里层网眼弹力天竺棉带罩杯 T 恤（防臭）
白、黑、灰各 1980 日元

爱用品 ⑦

带罩杯T恤

现在市面上大部分都是带罩杯的吊带衫和背心，而带罩杯的T恤却几乎没有。这好像是因为有袖子的话，抬手的时候罩杯容易滑动。

这件T恤的罩杯多少也会滑动，但是作为夏天的休闲服，就这样穿出去倒个垃圾什么的很方便，让我爱不释手。其他虽然用不着换衣服但没有穿内衣的话又觉得不大好的时候（比如去附近的便利店买东西、快递来的时候应个门），也正好可以派上用场。这种时候不管带不带罩杯，只穿吊带衫还是觉得不怎么安心呢。

这样能和“真正的平时生活”场景配合完美的品牌，实际并没有那么多。

后跟深脚尖浅的船袜（消臭）
黑、米白、米黄、黑灰（可选三双）1000日元

爱用品⑧

船袜

行走过程中鞋子里的船袜滑落了，重新穿、再重新穿还是会掉出来……有这样令人着急经历的人，我想应该不在少数。我也是其中一员，甚至下过这样的狠心："不行，我的人生中再也不需要船袜了。"

但是我在打工的时候试穿了一下这款船袜，竟然没有滑落！似乎是因为脚后跟包得比较深，所以不大会掉出。而且脚尖较浅，也不会从鞋子里露出袜边。这种设计太令我感动了，我默默在心中把这个商品认定为了"名品"。就这样，船袜又回到了我的人生里。

想要使脚部看起来轻便但又不想裸足的时候适用。夏天时几乎每天都穿。

PET 分装瓶 白色 400ml 280 日元
PET 分装瓶 白色 250ml 250 日元

爱用品 ⑨

按压分装瓶

上面两个，是放在厨房水槽旁边的洗手液（左）和洗洁精（右）。不是把商品原封不动地放着，而是装入按压分装瓶里，这样做的道理和保鲜膜盒一样，就是因为不喜欢看上去很杂乱。这个分装瓶通体纯白、清爽洁净，而且我很喜欢它可以贴合四角收纳箱的造型，所以才买下了。瓶身还有透明和绿色等不同颜色以供选择，但厨房和饮水处等清洁感第一的场所，果然还是想选白色呀。白色上面如果有污渍会比较显眼，所以增加了要勤奋擦洗的机会。

而且它还有一个优点，那就是选择自己喜欢的贴纸贴上去以后也很显眼。对于这种看不见里面内容物的收纳，贴纸发挥着巨大的作用。就算自己觉得只有两个瓶子不会弄错，但有时不知何故就搞错了。考虑手中的是哪一个，其实也是一桩麻烦事。而且，贴纸能小小地展现一下个性，挺有意思的。

此外，这个瓶子不需要拿起来倾斜着倒，只要按压一下，洗洁精就出来了，真是一款浑身都是优点的分装瓶。

不锈钢挂钩夹 4 个
约宽 2.0cm、长 5.5cm、高 9.5cm 400 日元

爱用品 ⑩

挂钩夹

这个商品，是把东西夹住然后吊起来用的。把东西吊起来有许多优点，例如“只要伸手就能拿到东西”“能把湿的东西晾干”“可以利用空间”以及“比起摆放于平面，吊着更方便打扫”等。

我最初开始用挂钩夹，是为了在洗脸台旁轻松取用洁牙粉。把洁牙粉悬挂在盥洗架上，就可以一下取出整个夹子了。最近，我在旁边吊了一个纳米海绵擦（三聚氰胺海绵擦）。连着夹子取下来后，还可以把夹子当作手柄，擦拭污渍。

厨房里，把夹子倒过来夹在吊橱的门上后，可以在钩子上挂抹布。多挂一个夹子在盥洗架上，还可以夹住密封罐的盖子，便于晾干。

它有各种各样的用途，承重量500g，结实耐用。这个夹子我在客户家里推荐过，不少前来我家采访的人都会自言自语“看来这个得买几个回去”。我觉得，它毫无疑问能解决许多家庭中长期没解决的问题，是一件值得依靠的单品。

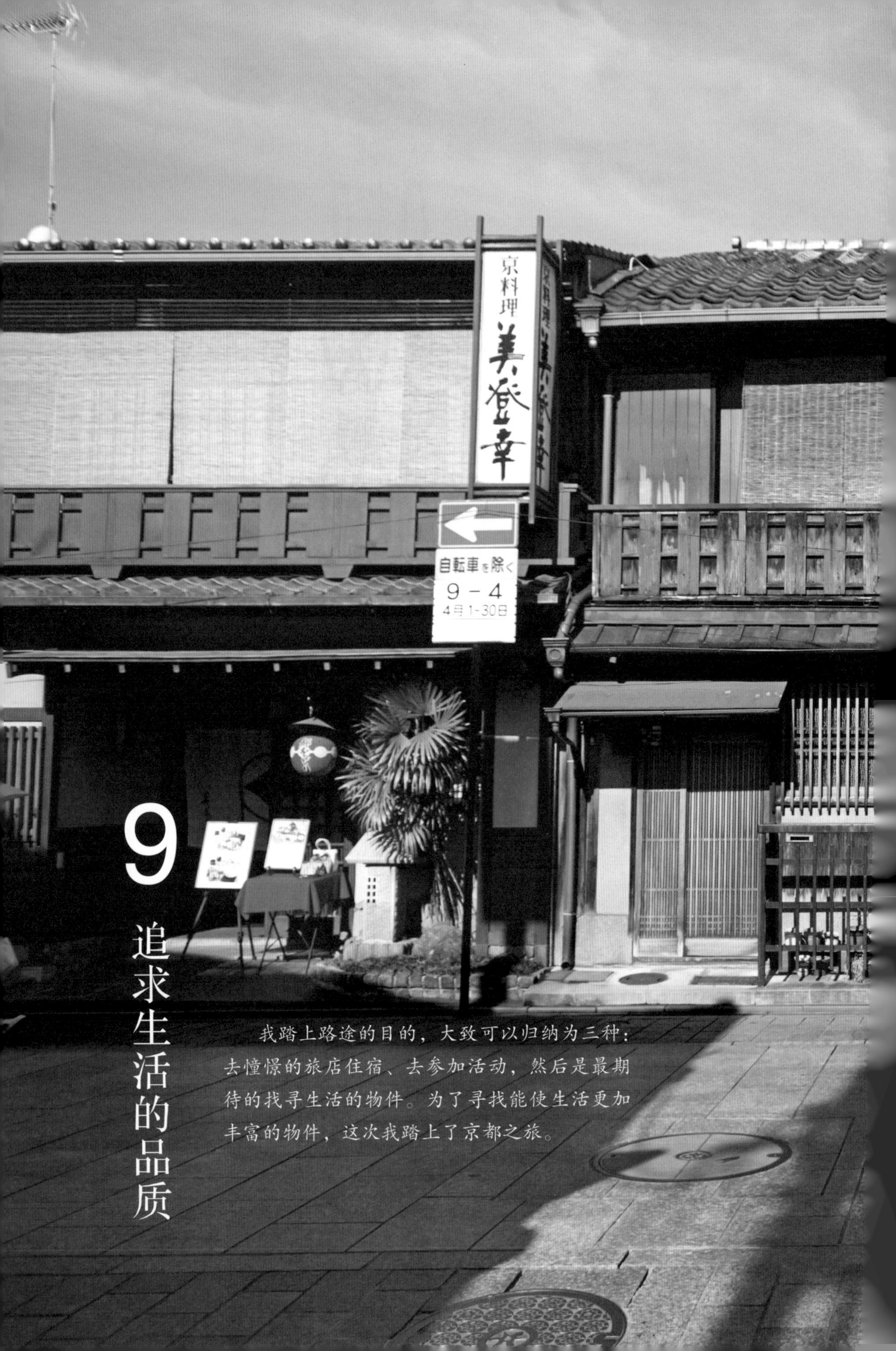

9 追求生活的品质

我踏上路途的目的，大致可以归纳为三种：去憧憬的旅店住宿、去参加活动，然后是最期待的找寻生活的物件。为了寻找能使生活更加丰富的物件，这次我踏上了京都之旅。

月桂冠

对于我来说，旅行也在生活的延长线上。去从未去过的地方观光是快乐的，但我经常去的还是去过好多次的熟悉的地方。我的很多次旅行，都是为了在这样中意的地方“享受衣食住行”，有时候还淘家具、置办“生活物件”（例如杂货、衣服等）。

这次选择的旅行目的地京都，就是我已去过好多次的地方。每次去，我中意的店铺数量都会增加，光是巡游这些小店我就很满足了。

旅行，可以遇见让生活更加丰富的物件。尤其是和器具相关，每一个地区都有活跃着的匠人，能否在这里遇见“只此一处”的器具很值得期待。有时，也有想碰触钟爱匠人的作品而选择旅行目的地的情况。这时我会远道前去拜访，把器具拿在手里把玩，想象它在我们家工作的样子。从开始把玩到决定把它带回家，这中间的心路历程是何等的欢欣雀跃啊！

通过这样的方法找到的生活物件结合了旅行的回忆，因此对它的依恋也就格外浓厚。使用的时候自不必说，光是看到它心里都会感到充实。像这样把“最好的物件”作为一个个“碎片”，用这些碎片拼组生活，该是多么幸福的事情啊。

如果要为生活置办物件的话……张开“天线”找啊找，京都是最吸引我的地方，那里有我憧憬的器具老店、喜欢的杂货店，可以一边被温柔的京都腔和人与人之间的暖意包围，一边寻找生活用品。

UCHU
open
藤木町

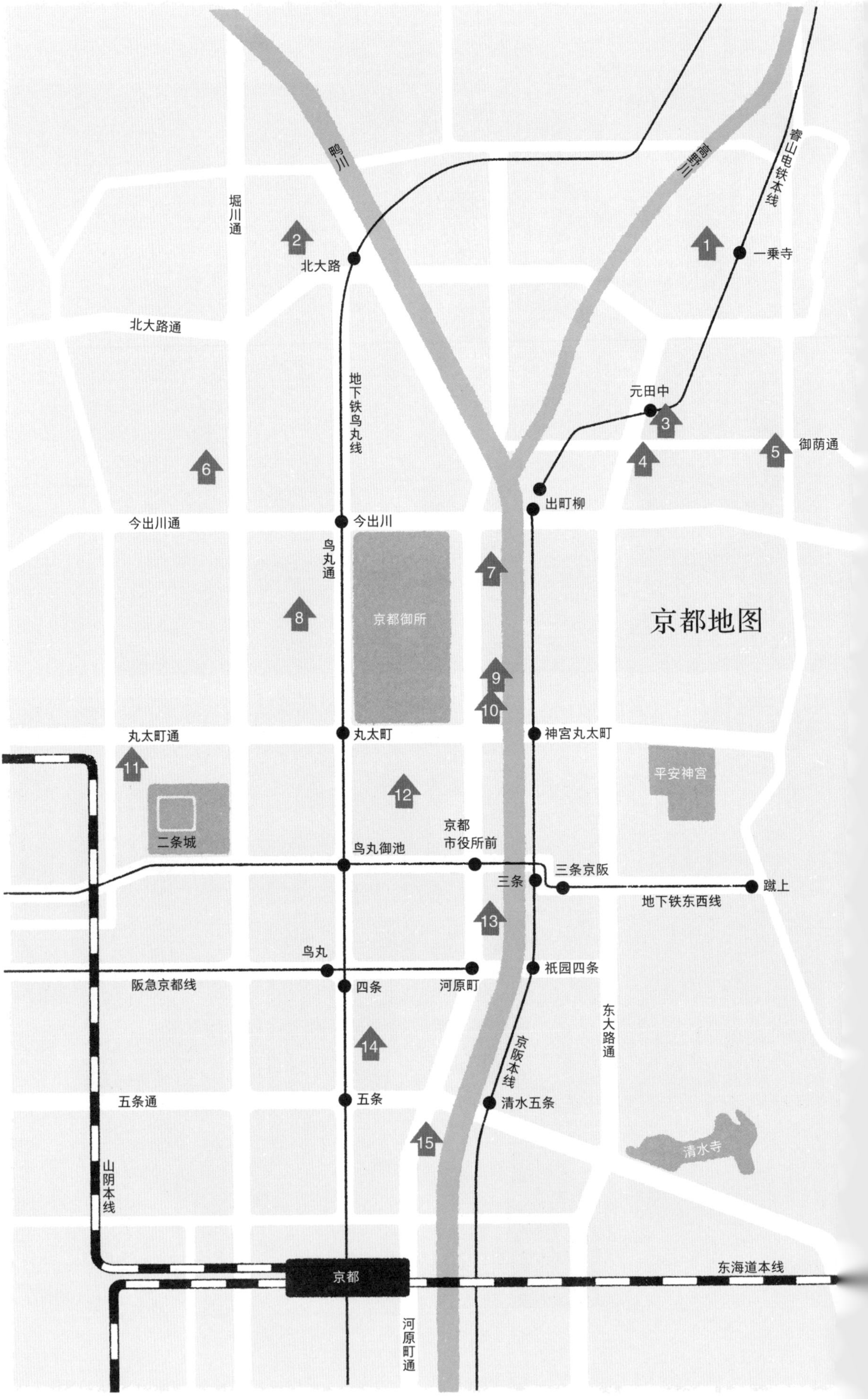

京都地图

鸭川
高野川
叡山电铁本线
堀川通
北大路
一乘寺
北大路通
地下铁乌丸线
元田中
御荫通
出町柳
今出川通
今出川
乌丸通
京都御所
丸太町通
丸太町
神宫丸太町
平安神宫
二条城
京都
市役所前
乌丸御池
三条京阪
三条
蹴上
地下铁东西线
乌丸
阪急京都线
四条
河原町
祇园四条
东大路通
京阪本线
五条通
五条
清水五条
清水寺
山阴本线
京都
东海道本线
河原町通
1
2
3
4
5
6
7
8
9
10
11
12
13
14
15

1 惠文社一乘寺店

☎ 075-711-5919

2 BOLTS HARDWARE STORE

☎ 075-432-8024

3 WEEKENDERS COFFEE

☎ 075-724-8182

4 华祥

☎ 075-723-5185

5 小部屋

☎ 075-702-7918

6 UCHU wagashi

☎ 075-201-4933

7 KAFE 工船

☎ 075-211-5398

8 京都布莱顿酒店

☎ 075-441-4411

(代表处)

9 小鸟集市

☎ 075-231-1670

10 kit

☎ 075-231-1055

11 京之家常菜安达

☎ 075-841-4156

12 辻和金网

☎ 075-231-7368

13 ELEPHANT FACTORY COFFEE

☎ 075-212-1808

14 木与根

☎ 075-352-2428

15 开化堂

☎ 075-351-5788

我最终在器具主题的书汇集的角落停下了脚步。这里有铁皮制的器皿和餐具、刀叉类。惠文社的工作人员按照自己独到的感觉挑选的杂货，无论哪一个都富有灵性。

惠文社一乘寺店

30多年以前作为书店开业，随后附设了展览厅和杂货店。杂志、旧书、进口书和自媒体出版物齐备。按照主题和作家进行展示，顾客可以在感兴趣的区域驻足，埋头挑选。附设的杂货店从日本各地精选了拥有狂热粉丝的品牌和匠人，从食品到器具甚至布艺品，物品的种类范围非常广泛，可以令人长时间沉浸其中。设计优秀的惠文社原创商品也是必看的重点。

SHOP DATA

地址：京都府京都市左京区一乘寺广殿町10
电话：075-711-5919
营业时间：10:00 ~ 22:00
无休息日

木与根

SHOP DATA

地址：京都府京都市下京区灯笼町589-1
电话：075-352-2428
营业时间：12:00 ~日落
茶室最后点单：17:00左右
休息日：星期三、星期四
*可能会暂时休业

位于店铺深处的茶室里，固定菜单是自家制的松饼。另外，春季的“柠檬派”等应季的甜点也会不时登场，让人欣喜。享用着手工甜点和认真沏制的茶水，停下来休息一会儿，血拼的疲惫一扫无余。

店名“木与根”，蕴含着要养成出色的树木就必须从根部开始注意、从看不见的地方开始孜孜不倦投入的深意。

这是一家我数年前初次拜访后，每回来京都都一定会到访的店铺。现在代理着大约38位匠人的作品，在这里还有机会与喜欢的匠人相遇。以器具为中心，家具品牌“木印”的砧板等生活工具也很丰富。与茶室相邻，用店铺里经营的商品沏茶也是一件乐事。

与店主有着“20年交情”的人偶匠人西尾夕纪的作品。西尾的人偶都是根据以绘本为基础的世界观而做成，光是看着，一种平静祥和之感就会油然而生。

小部屋

生活器具、黄铜制品、布制首饰和看着就令人感到平静的人偶摆放在一起，是一间找寻生活物件时不可错过的店铺。店里都是店主西冈先生挑选的“放着就让人感到欣喜的东西”，比起潮流，他更重视自己实际用过后是否觉得方便。在小小空间里聚集的各种物品可爱得刚刚好，具有让人放松的亲切感。这是一家可以埋头一件件认真挑选物品的店铺。

SHOP DATA

地址：京都府京都市左京区北白川堂前町39-6 太阳大厦2楼
电话：075-702-7918
营业时间：11:30 ～ 18:30
休息日：星期四、星期五

BOLTS HARDWARE STORE

追求功能而挑选出来的种种商品。有很多是脚轮和门牌等贴近生活的东西，不管是谁都容易接受。还有像挂钩类的东西，店主会建议买来试试：“也许在客人您家里也能用。”

由原室内装饰店员工开设的店铺。店内汇聚有拉手、挂钩等对室内装饰很有用的特色零部件，一眼望去心情都变好了。这些功能性和成本都很明确的商品，每一件都是从世界各地精心挑选而来，让我饶有兴致。此外，店内到处摆放着拥有可爱符号logo的原创商品，彰显着让人无法忽视的存在感。

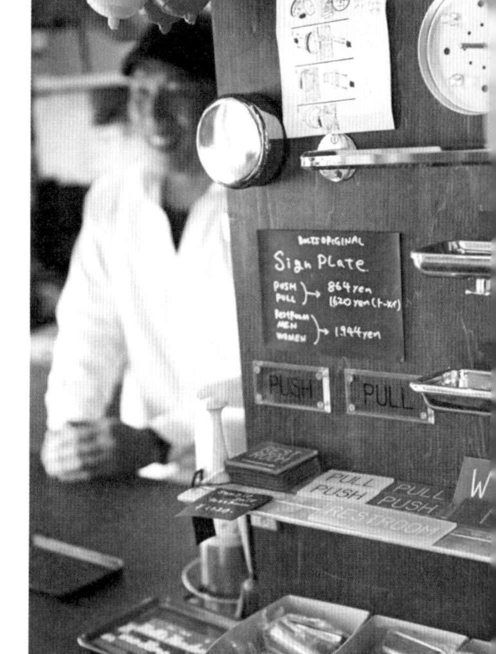

SHOP DATA

地址：京都府京都市北区小山下初音町43-2
电话：075-432-8024
营业时间：11:00 ～ 19:00
休息日：星期三、每隔一周的星期六

小鸟集市

店内的展示是店主小西先生为了使顾客“眺望一眼就能感到开心”而考虑设计的。食品和杂货摆放在一起可以使人联想到使用方法，自然产生购物欲。认真削刨制作的砧板和木质托盘，精致而美丽。

这是一家稍微离开主街道、开在住宅区里的店铺，以生活杂货为中心，有很多与食品相联系的东西。器具大部分都是直接从窑户手中收购的，其中现在以大分“小鹿田烧”为首的民间工艺品拥有很高的人气。海外物品则精选非洲、亚洲各地具有质朴味道的东西。网站主页上有店主亲自拜访过的“店铺探访”栏目，我来京都之前经常会看一下。

SHOP DATA

地址：京都府京都市上京区东三本木通丸太町上中之町 496
电话：075-231-1670
营业时间：12:00 ~ 19:00
休息日：星期四、星期日（不定期休息）

国内外的物件不分类，混搭摆放在一起。不知不觉就会让人看出神。拥有各类物品，比如餐具等厨房用品、衣服、首饰，甚至褥子，范围广泛，非常有魅力。

在京都众多的杂货店中，这家店铺以独有的甄选精品为亮点。除了国内，还有很多亚洲、美洲和欧洲等地的古董孤品，我对于这些在其他地方无法见识到的东西兴趣浓厚。不分产地和年代，全部吊起来或是叠起来的混合摆放展示方法也很有趣。从餐桌用品到点心、茶叶，甚至穿戴在身上的东西，应有尽有。每次我都会期待着一生一次的相遇，前来拜访。

SHOP DATA

地址：京都府京都市上京区河原町通丸太町上桝屋町 367
电话：075-231-1055
营业时间：11:00 ~ 20:00
全年营业

开化堂

包括照片里的石场先生在内，8位匠人在隔壁的工作室勤勉工作。在那里得到了刻有我名字的茶勺，那可是我的宝贝呢。

名为“渐渐”的这件商品，可以一个个垒起来。除了放茶叶以外，我也听说有国外来的客人会把香辛料放进去。

创办于明治8年，是全日本历史最悠久的茶罐老铺。盖子合到罐身上，不需要用力就能自动闭合，这种出自匠人之手的精密构造令人折服。一开始店里只有基础的物件，最近开始应客户需求推出各种衍生商品。铁、铜等素材制作的茶罐会随着岁月流逝变化出不同的味道，逐渐成为不可替代的珍品。这是一家教会我要怀着爱意长久使用物品并享受愉悦的店铺。

SHOP DATA

地址：京都府京都市下京区河原町六条东入
电话：075-351-5788
营业时间：9:00 ~ 18:00
休息日：星期日、法定节假日

辻和金网

散发着手作美感的茶滤。铜制品有着浓厚质感和时光变换的味道，不锈钢制品则颇显坚固。两种材质，难以抉择！

金网细工被称为京都传统工艺之一。这里介绍的辻和金网贩卖的不是用机械制作的东西，而是以匠人特有手艺做出的颇具“雅趣”的金网器具。店里的各种物品都显现着利落的功能美感，受到了从日式饭馆到普通家庭的广泛喜爱。我常用的是不锈钢圆形沥水篮，可以直接放入锅里煮蔬菜，或是当作蒸菜架使用，是日常烹调的得力助手。

长柄勺等用在水里的器具也很齐全。虽然现在能够轻松买到很便宜的替代品，但正因为是每天都要用的东西，这一件件倾注了匠人灵魂的手作逸品能让我们的生活更为多彩。

SHOP DATA

地址：京都府京都市中京区堺町通夷川下亀屋町175
电话：075-231-7368
营业时间：9:00 ~ 18:00
休息日：星期日、法定节假日

ELEPHANT FACTORY COFFEE

第一次和丈夫一起拜访这家店的时候，中途迷了路好不容易才找到，这隐居之处的氛围让我心跳不已。古董家具、古书籍、简单的菜单（只有咖啡、披萨、烤吐司等）……模仿上世纪六七十年代的爵士咖啡厅的雅致，简直帅呆了。

SHOP DATA

地址：京都府京都市中京区蛸药师通东入备前岛町 309-4 HK 大楼 2 楼
电话：075-212-1808
营业时间：13:00 ～次日凌晨 1:00
休息日：星期四

WEEKENDERS COFFEE

2014 年 4 月，我去了这家主营咖啡豆和咖啡器具的店铺。这里所有的咖啡豆都附加了“果汁般的口感”“黄油般浓厚质感”等文字说明，令人很容易想象其中的风味。滴滤式袋装咖啡和冰咖啡作为伴手礼很受欢迎。

咖啡豆陈列展示，以直接闻香挑选。欢咖啡的店主提供商品也有 99.9% 啡因的咖啡等，勾起人无穷的兴趣

SHOP DATA

地址：京都府京都市左京区田中里之内町 82 藤川大楼 2 楼
电话：075-724-8182
营业时间：10:00 ～ 19:00
休息日：星期三

KAFE工船

这里是焙煎专家大谷实的工作坊（FACTORY SHOP）。使用顺手的工具和玻璃器具摆放在一起，美极了。坐在长柜台边，可以观赏店主沏咖啡时手上的动作。实际上，这也是为了让客户愉悦心情的安排。让我印象深刻的是，我说了喜欢的口味，店主就为我选好了合适的咖啡豆。店主说：“能和客人聊聊咖啡的味道和与之相关的话题，让客人开心，这比什么都好。”店主精通咖啡，我向他讨教了很多知识。

店铺里展示的辻和美老师的器具，店主沏了咖啡以后端给我。平时在家里想不到的搭配，真新鲜。

每周都会更换上面画着这样的世界地图的咖啡单。可以通过产地和焙煎方法选择咖啡。

SHOP DATA

地址：京都府京都市上京区河原町通今出川下梶井町 448 清和租借房 2 楼 G 号室
电话：075-211-5398
营业时间：11:00 ～ 21:00
休息日：星期二

京之家常菜安达

米饭和味噌汁，再加上私房家常菜。我常会想去尝尝这家让人忍不住露出笑容的料理，再会一会干活麻利的老板娘。这家店从战后持续经营了60多年，以代代相传的带甜味的独特煮物而广受好评。一家能让你吃得饱饱的大方店铺，家常菜味道浓郁，是让人安心的美味，吃了还想吃。

入口附近的橱窗里陈列着今天的家常菜，可以在这里愉快地选择想吃的东西。一直使用当季食材，无论什么时候来都会感受到新鲜。

午餐包含米饭、味噌汁、主菜三品，840日元。晚餐主菜增加到五品，1200日元起。有让肚子满足的味道和菜量，客人的回头率很高。

SHOP DATA

地址：京都府京都市上京区千本丸太町东入
电话：075-841-4156
营业时间：11:00 ~ 22:00
休息日：星期日、法定节假日

华祥

午餐菜单中，有一道“盖浇炒荞麦面”。面炒得很有嚼劲，上面挂满芡汁，是让人吃得干干净净的绝品之味。

这家店在当地很有人气，就连午餐都能排起长队。除了以面类和米饭类为主的基本中国料理之外，最近还增加了许多单品料理。对于喜欢各种炒荞麦面的我来说，这里的盖浇炒荞麦面让人印象深刻，非常好吃！

SHOP DATA

地址：京都府京都市左京区田中里之内町41-1
电话：075-723-5185
营业时间：11:00 ~ 14:00，17:30 ~ 21:30
休息日：星期三

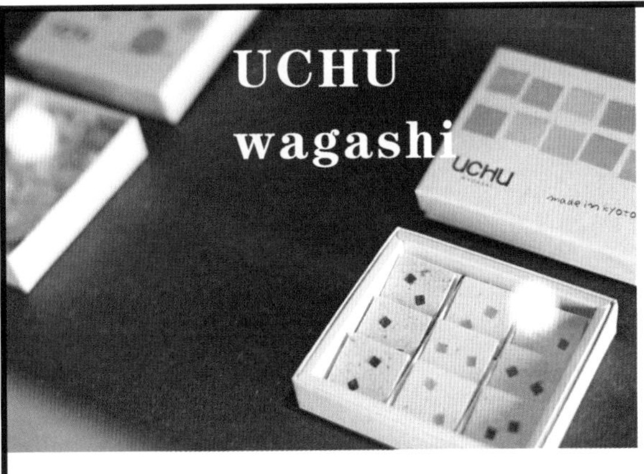

UCHU wagashi

和果子的精髓和深度是和宇宙进化一样的道理，这就是这家店的店名由来。以“做出100年后成为新式文化的”现代“和果子”为目标而制作的落雁（日式干点心的一种），找遍全球只此一家，满溢着原创力。

区别于一般的制作方法，不使用糯米作为黏着材料，仅以砂糖和水做成的新类型。同时拥有华丽的染色和高级的质感。

SHOP DATA

地址：京都府京都市上京区猪熊通上立売下藤木町786
电话：075-201-4933
营业时间：10:00 ~ 18:00
休息日：星期一

像选择家一样选择酒店

选择酒店非常重要，直接决定着你能不能拥有一段更好的旅途。至于选择标准，还是得看能不能让人觉得“想在这里生活”。选择时，我主要用“乐天travel”，查看上面的评论和刊登的照片、房间用品等。不让人觉得憋屈、比较宽裕的（30平方米以上最好）房间会比较理想。如果说想要什么的话，最好浴室里有宽大的浴缸。能够让人放松的家居服（睡衣更佳）也是重点要素。这次我住的京都布莱顿大酒店是以前就住过的。室内空间宽敞，除了床以外还有组合沙发和起居室桌子，能给居住者一种在家的惬意心情。酒店还提供在京都随性闲逛时必不可少的自行车租用服务，可以方便地去喜欢的店铺和景点，这也是这里的一大魅力。作为旅行乐趣之一的酒店早餐和咖啡也很可圈可点，让我充分享受了这次两天一夜的旅程。

SHOP DATA

京都布莱顿大酒店
地址：京都府京都市上京区新町通中立壳（御所西）
电话：075-441-4411（代表处）
CHECK IN 14:00 ~
CHECK OUT 12:00 ~
URL:http://www.brightonhotels.co.jp/kyoto/

在住宿的地方准备场景

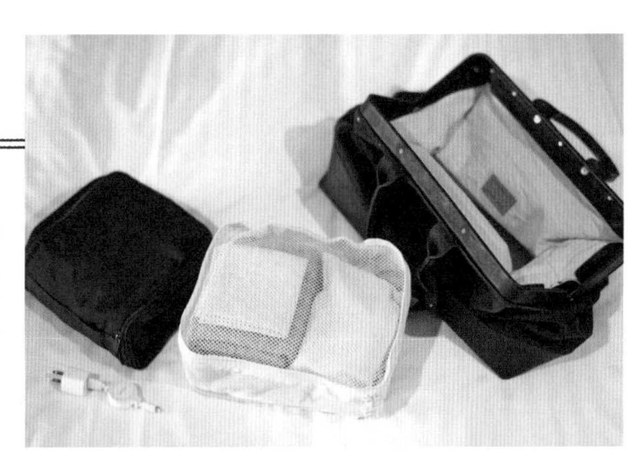

把所有行李从包里拿出来

到达住宿地后立刻把所有行李都拆开来，清空旅行袋，放进衣柜里。旅行袋是我新置办的evam eva的产品。除了日常使用外，也很适合这样的两天一夜旅行。

把行李放到合适的地方

洁面小袋放到洗脸台，明天要穿的衣服挂在衣柜的衣架上。像在家里一样布置，住宿中就会省去每次都要回到旅行袋里找东西的麻烦。

打造舒适的居住空间

我带了薄荷系香味的空气喷雾，让房间充满自己喜欢的味道。眼镜盒可以当作托盘使用，里面装着我从身上卸下来的首饰。放在枕边，第二天早上自然就会记得将首饰戴上。

在旅行目的地轻减行李

洁面物品带的是试用装，不会增加行李。从家里带来的旧袜子和内衣可以在洗好澡以后穿，旅程结束后丢掉即可。回家时比来的时候更加身轻如燕。

成为我家小伙伴的生活物件

开化堂的咖啡罐

在这回初次拜访的开化堂里，买了心心念念的东西。这件铁皮制的咖啡罐用的时间越久，越会变化出不一样的感觉。刻有“本多”字样的茶勺也是一生的珍藏。

小鸟集市的茶滤

具有温和质感的魅力茶滤。说起茶滤，主流的都是金属制品，但天然素材才有的温柔触感也是很好的。可以挂在杯子或壶口上，很方便。300日元左右的价格也很令人开心。

小部屋的托盘

触感极佳的木制日用品，就算需要耗费时间和精力去保养，还是想把它带进自己的生活。这一件是水野悠佑老师的作品，表面并非均一光滑，而是特别设计成立体的形状，据说可以防止上面的东西在搬运过程中滑下来。

UCHU wagashi
的落雁

造型可爱，颇有现代感的落雁。购入的这款叫“animal”。新鲜的可可和香草味，入口瞬间就会融化。具有高雅的甘甜和温润的口感。

BOLTS HARDWARE STORE
的曲形挂钩

店内销售的自制商品。据说很多人用它勾在桌子上挂包包。我把它设置在厨房的开放式置物架上，正在考虑是否可以用它来挂抹布。

KAFE 工船
的咖啡豆和糖果

与上一次拜访的时候买的伴手礼一样，这次也买了埃塞俄比亚穆哈的自然中深度烘焙咖啡豆。如味噌一般发酵后的风味，让我上瘾。喝上一口，脑中不由自主地就会浮现出店内的独特氛围。

WEEKENDERS COFFEE
的滴滤式袋装咖啡

不需要磨咖啡豆就可以喝的滴滤式咖啡，最适合作为伴手礼送给想轻松享受咖啡的朋友。这里的WEEKENDERS COFFEE 混合咖啡酸味较少，百喝不厌。

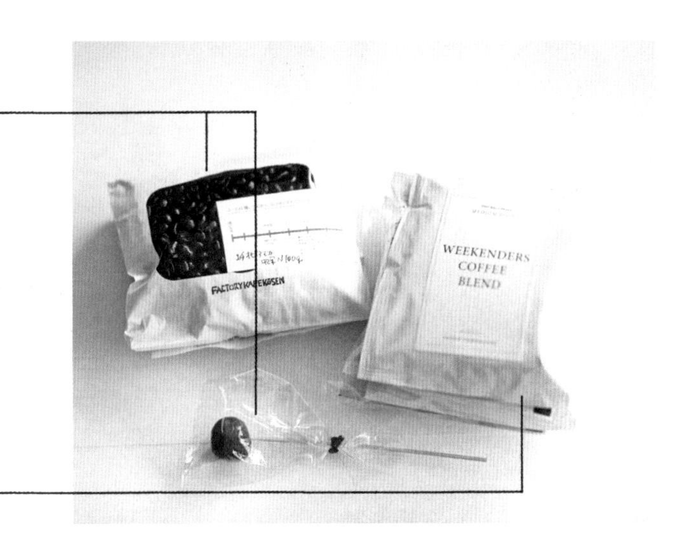

每次戴上身就令人欣喜的各种爱用物品

比起追求随季节而不停变化的潮流，我会选择那些想要每天都戴在身上的、简单高雅的首饰。重要的是能和现有的衣物相配，而且即使年龄增长也可以长久使用。在这里，介绍一下我的时尚小物件。

SOURCE的首饰

决定购买奢华首饰的时候，我的“天线”会指向SOURCE品牌。最初是钻石吊坠的项链，后来是耳饰、手镯……我会一年一次补买同一系列的物件。在修理方面也能够迅速应对，是值得长期珍爱的物件。

maison des perles 的胸针徽章

具有高度时尚感的朋友介绍的小林末子的胸针徽章，参观惠比寿个人展的时候购入。传统的纤细串珠和流行的主题图案相组合，拥有别具一格的崭新风格。别在纯色衣服上时，可以彰显存在感。

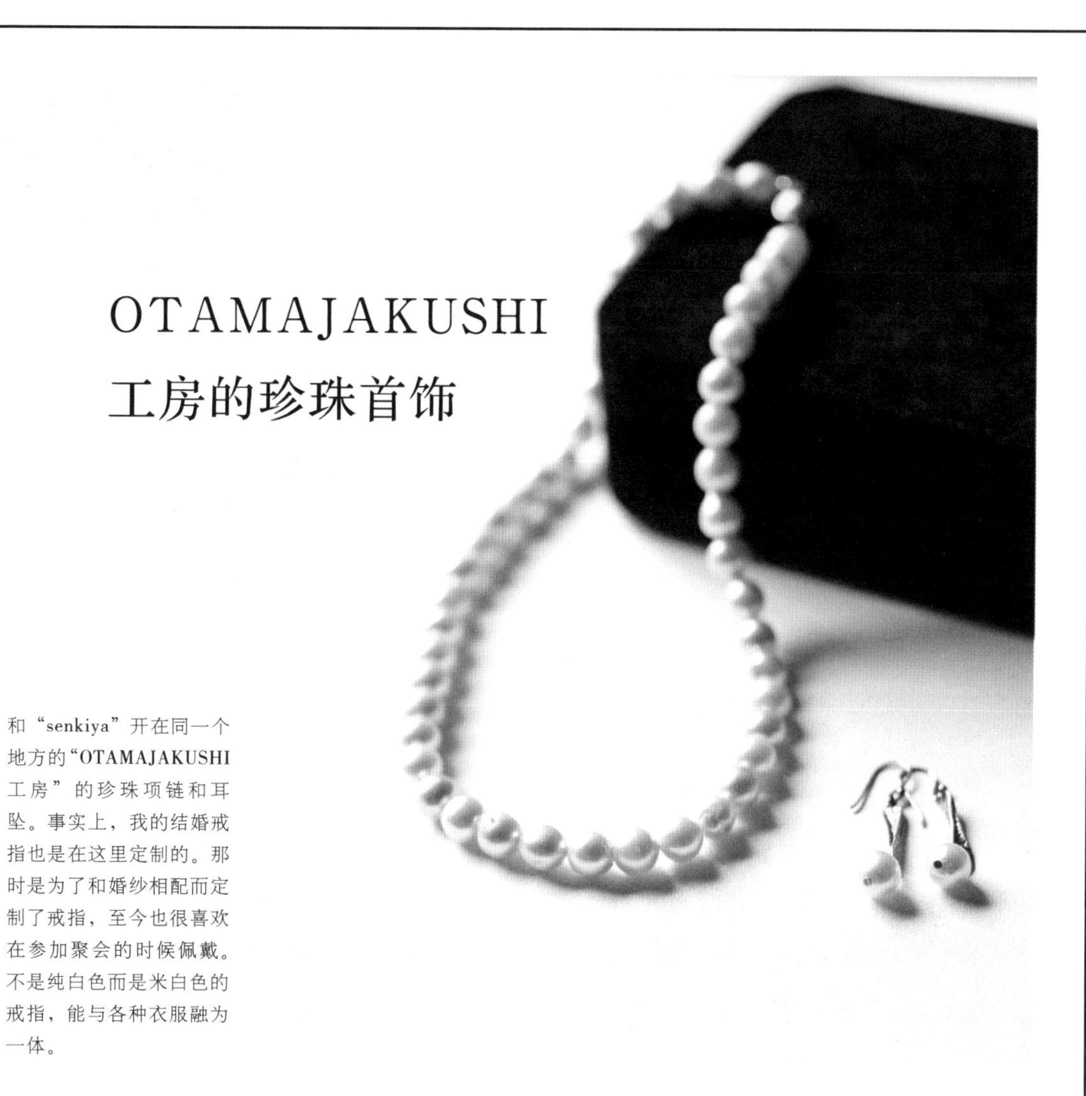

OTAMAJAKUSHI 工房的珍珠首饰

和“senkiya”开在同一个地方的“OTAMAJAKUSHI 工房”的珍珠项链和耳坠。事实上，我的结婚戒指也是在这里定制的。那时是为了和婚纱相配而定制了戒指，至今也很喜欢在参加聚会的时候佩戴。不是纯白色而是米白色的戒指，能与各种衣服融为一体。

Oliver Peoples 的眼镜

找到它的契机，是常去的一家沙龙老板正好戴着这个牌子的眼镜。听说在沙龙附近的“PON 眼镜”可以买到后，我立刻去拜访了。我觉得宛如倒三角形的框架设计可以成为整体造型的重点，所以选了这副眼镜。轻若无物的佩戴感令人惊叹。

DANSKO 的懒人鞋

重视穿着时的舒适度的DANSKO懒人鞋，非常舒服。这也是朋友推荐的，我试穿了一下后，立刻想要购入。穿脱方便也是这种鞋子的一大优点。此外，它也易于搭配各种服饰，我一周的大半时间都靠它度过。

entoan 的凉鞋

我在大手提袋上挂着的钥匙包也是这个鞋履品牌 entoan 的产品。每次穿上这双鞋时，都会有很多人来问“这鞋子是哪个牌子的”。熟皮与起绒皮革混搭，鞋带处的设计毫不张扬。冬天可以配针织裤袜和厚一点的袜子，夏天则可以配船袜，一年四季都可以穿。

蜜蜂手提包的大手提包

半定制式的包，每个月可以为包身、手柄、底部分别选 3 个颜色，自由组合。颜色每个月都会变换，期待下一个月的颜色非常有趣。除这个之外，我家还有一个，是我们夫妻各自的健身用包。

R&D.M.Co-的丝质大手提包

以前说起派对包时，会想到手拿包之类的，但需要的东西没法全都放进手拿包，因此我不是很满意。为此烦恼时，发现了这个丝绸质地的大手提包。尽管是不加修饰的形状，但是具有通透感的丝绸和缎带刺绣会带来一种高级的氛围，在派对上也能用哦。

ARTS&SCIENCE的迷你手提包

去附近买东西，或是行李比较多需要辅助包的时候，这个迷你手提包十分便利。内置空间足够大，钱包、手机、手账、钥匙都能妥当地放进去。柔软的皮革质感和灰色的颜色酝酿出沉静的氛围，我非常喜欢。

麻质长围巾

长围巾在全身搭配中能起到画龙点睛的作用，春季和秋季时我会选用麻质的。需要防晒时，就把围巾一圈圈缠在头上。黑色是在 A.P.C. 的奥特莱斯折扣店购入的，米黄色是 MARGARET HOWELL 的产品，蓝色是 fog linen work 的产品。每一条都是随意剪裁的设计，能给人毫不造作的印象。

10

为生活添彩的人和店

困惑时会对我伸出援手的人，拥有同样品味的人……

那些值得珍惜的人们会相迎而出的地方，就如同自己家一般，是度过舒适时光的场所。

senkiya

大约2010年，我在浏览活动的时候，“senkiya（川口）”几个字映入眼帘。知道川口新开了一家店，我不禁心情也跟着雀跃起来。

本多：您在开店之后不久，参加了附近的一个手工艺品活动吧。我看到那个公告，知道川口开了一家“senkiya”就坐立难安，立刻开车过去了。

高桥：那时候店还没有完全完成，还只开了一家杂货铺呢。

本多：正好我对您说：“现在我正在找结婚典礼的会场。”刚刚才认识不久的您向我建议说：“不如就在这里如何？”

高桥：我还跟您说，要在您结婚典礼前把店弄好呢。

本多：是啊。我觉得“senkiya”的魅力在于可以在店里偶尔遇到您的父亲，看到您的儿子走来走去。像这样偶尔会有家人登场，感觉就像旁观着高桥先生的生活一样。

高桥：我觉得开店不必那么紧张，有一点海螺小姐（《海螺小姐》，日本女性漫画家长谷川町子于1946年发表的四格漫画。其中的海螺小姐充满阳光，每天都笑着面对日常生活）那样胡闹的感觉也是不错的。另外，因为还考虑到想做一些在其他店不能做的事情，比如和客人在一起气氛热烈了以后，就会想要和大家做点什么。这样交流后，有好几个

店铺主人高桥秀之先生是个天生的“川口痴”。正因为这是个什么都没有的街区，才会想要做出一点什么。高桥先生的理想是做一家受本地住客爱戴，甚至能把外面的人叫过来的店铺，这一点让同是川口人的我也不免得意。托这家店的福，整个川口街区的舒适度大大提高了。

只提供饮料和甜品，整洁清爽，不愧是专门喝茶的地方。我经常来点一杯咖啡和一个小蛋糕，稍事歇息。

SHOP DATA

senkiya

地址：埼玉县川口市石神 715

电话：048-299-4750

营业时间：12:00 ~ 20:00

不定期休息

高桥先生按照自己的感觉收集来的情报汇集所。捣年糕、流水面条、蒙眼打西瓜……一年中活动多多，不拘一格的风格很有魅力。

朋友要我去他们的地方开店呢。

本多：真是一家体现了人与人之间羁绊的小店呀，传播信息的力量也很厉害呢。我通过您的店了解到了很多关于器具和音乐的情报。我觉得您是当之无愧的瞬间爆发力方面的老师呢。来到这家店后，感觉日常生活都变得丰富多彩了。

高桥：我自己也喜欢享受在其中，并且希望能让大家都愉快享受生活。我希望自己对有趣新奇的事物保持敏感度，因此需要不断收集信息。所以人和人之间的联系至关重要，我不想马虎敷衍。正因为有了这些一起努力的人，才有了现在的“senkiya”。

本多：高桥先生对于有趣的事物也是十分贪心呢。

高桥：可能是为了“senkiya”（工作）经常张开“天线”（拼命收集信息）的缘故吧。

本多：那不会很辛苦吗？

高桥：辛苦的时候也不少，但因为是工作，也就变成了乐趣之一。以后我也会努力在自己开心的同时，让客人感到满意。

kousha

名字之所以取“kousha”，意为学校“校舍”。由居住于越谷的陶艺家饭高幸作老师与“senkiya”合作开设。因为对餐食负责人佐藤的菜单喜爱有加，我常常会来访。

本多：在这家店正式开业之前，“senkiya”的高桥先生就经常提到您的名字呢。

佐藤：我也是“senkiya”的常客嘛。高桥跟我说想要再开一家店，于是就决定由我负责设计店内的餐单。我始终是把“追求极致美味”放在首位的。印象里，您很喜欢点我们家的三明治呢。

本多：是的。我可是“kousha”三明治的狂热粉丝呀！这样的食材搭配很少见，入口瞬间，脑子里就会闪过“原来是这种味道啊”的想法，每次吃都很享受它的美味。

佐藤：谢谢你。

本多：因为我偶然看到了这里改装之前的样子，所以等正式开业后再来看时，觉得变化甚大的内部装修非常令人惊喜。品位与匠心，在这个小小的空间里展现得如此精彩。“kousha”是一处让人忍不住想要介绍给别人的地方。等待美味午餐的时间里，观摩一下周围的器具也是一种享受啊。

佐藤：说得没错。在咖啡区提供的料理都用了饭高先生的器皿作餐具，因此现场就能尝试使用这些器皿的感受。“senkiya”提供食物的日子是固定的，但我们每天都会制作午

店里专门辟出一块陶器制作区，可以令人身临其境地体验器皿的制作现场。在如今这个百元店里就能轻轻松松买到器物的时代，这样的地方能让你感受到手作品的重要性。

饭高先生制作的器具，一个不落地作为咖啡店餐具用上了。简单而方便的设计正好映衬食材。

餐。也就是说，两家店互为弥补协调吧。具备各种各样的要素，更能让顾客享受其中。

本多：每天做料理这件事本身，在我看来就是一桩非常了不起的事情。

佐藤：我怎么也算是个厨房料理人，和匠人的工作风格类似。因为每天的工作内容基本上都是重复的，所以我会重新审视之前认为理所当然的事情。比如说，早早来到店里，泡杯咖啡坐下来，以客人所处的视线角度看看店里的样子。给普通日子加入一点小变化从而提升幸福感，这件事我一直留心着。

本多：这样偶尔也能发现一些令人心动的新乐趣，再作为重点加以打磨是吧。

佐藤：当然，前提就是爱着本就在重复循环的工作。正因为一天天的单调，所以偶然发生的小变化才会让人眼前一亮。

“用自己制作的器具在早上喝杯咖啡的幸福”，这样说着的陶艺家饭高幸作先生，是与“kousha”合并设立的器具店的老板。他认为在器具制作方面，“听取妻子的意见”非常重要。如果餐具能够在早上／中午／晚上都用上，而且使用起来方便顺手，就能令人过上没有浪费的紧凑生活。据说这是在与妻子的交流中得出的结论。

kousha

地址：埼玉县越谷市东大泽 5-14-8

电话：048-945-4910

营业时间：11:30 ～ 18:00

休息日：星期日、星期一

自家制的三明治，内含腌渍三文鱼、奶油芝士和柿干。煞费工夫的食材组合带来了绝妙的味道和口感。“kousha”的三明治凝聚了惊喜和美味，能够让人展颜。

yadorigi

华丽风格的小景致、适合装点日常的可爱花朵……时常出入大寺女士经营的花店“yadorigi”，我日渐培养起了用花朵装点生活的习惯。

本多：与您结识大约是在4年前，当时我记得是通过“senkiya”的店主高桥先生介绍的吧。

大寺：没错，那时你在我这里下单，制作婚礼用的头饰和捧花。

本多：选择使用的都是当季鲜花，实在太好看了。我记得那时候自己真的很开心呢。

大寺：谢谢你。

本多：我看过您的博客。您会在考虑下单客户嗜好的基础上，提出个人觉得不错的意见。

大寺：也会遵循TPO原则吧（TPO，即考虑到时间“time”、地点“place”、场合“occasion”）。比如当收到想以“白色与绿色搭配作为祝贺献花”的要求时，若正好是百花争艳的时节，我就会试着向客户建议：“要不要多增添些颜色呢？”我会把自己认为美好的事物传递给大家。这也是希望能做出让客户收到后感到分外喜悦的作品。

本多：我相信只要是您给大家的建议，都不会有任何问题。一直以来大家一提到花的话题，脑中印象一般都是玫瑰、满天星这种颜色华丽的品种，可是放在房间里后总会觉得不协调。您选择的品类，却是些能够自然而然融入日常风景的质朴型鲜花。即便与火锅什么的处在一个画面中，也能融为一道和谐的风景。

大寺：在日本，花被认为是用来互相赠送的礼物。这种观念可谓根深蒂固，以至于大家很少会有将鲜花作为自己平日生活装点的习惯，我为这一点感到很可惜。我认为有花相伴左右是一件非常好的事情，因此才会坚持挑选那些适合日常的鲜花。

本多：多亏了您，我也养成了在花店买花的习惯。但有一件事我想问问您，同为身兼工作的家庭主妇，面对繁重的家务活时，您是如何休息的？

大寺：我会喝一杯咖啡，停下来好好休憩一会儿。因为我把花店开在家里，所以设置好固定的开店、关店时间就很重要了。

大寺女士采购鲜花的标准是：“日常生活中自己也会拿来摆设的花。”由此，她巧妙地通过不同鲜花的组合，做出了一束束独立的鲜花束。

紫色的羽扇豆(Lupinus)，蓝色的阳光百合(leucocoryne)，白色的麝香豌豆花(sweet pea)……严谨的色彩搭配，有一种低调的氛围。

SHOP DATA

yadorigi
地址：埼玉县川口市樱町2-2-22
电话：070-5575-6914
休息日：星期日、不定期休息

陶艺家中园晋作先生的器皿作品，独特的混搭风十分吸引人。在店里驻足观察，不由得开始想象它放在自己家中的样子。

这家小店，是热爱美食的肥留间与喜爱服装、杂货的高濑合作开的。每次拜访都会发现店内布局有所变化，这样也就更让人想要再次光顾了。

linne

我与丈夫在休息日里经常一同前往。这家杂货店的两位店主是朋友关系。此次，我找到肥留间进行了采访。

本多：每回来到“linne”，总能找到想买回家的好东西。一到休息日就想过来寻宝，对我来说这里就是这样一个地方。

肥留间：听您这么说我很开心。店里的商品，是我和另一位店主高濑精挑细选出的自己觉得好的东西。在购物这方面，其实我年轻的时候碰了不少壁，始终找不到比基本款更胜一筹的好物。因此，一直以来我都坚持选择简单又好用的物品。

本多：既然是在平时生活里用的物品，那么最重要的就是使用方便嘛。就个人来说，我认为也应该重视功能美。

肥留间：在这个社会生活，稍不留意就会被精神控制。例如一听到“现在流行格纹”，就会发现身边到处是格纹风格的事物。但是，这些流行大多只是过眼云烟。

本多：我也这么觉得。店里又有古旧品又有新商品，很值得一逛啊。

肥留间：对。我们认为新旧融合交替着来展示挺不错的。而且也希望创作者与使用者参与进来，有相识的机会。店名“linne”（轮回）就是由此而来的。

本多：没想到还有这么一层含义呢。那么您个人推荐怎样的商品呢？

肥留间：我很喜欢美食，所以较为关注食品和厨房用具。平日大家做家务活时都很匆忙，因此生活中的用品还是想用一些能让人省心的。我始终抱持一个信念，只要使用能让自己的心感到舒服的东西，那么你的生活就会变得更快乐。

SHOP DATA

linne

地址：埼玉县埼玉市绿区三室1474

电话：048-875-2201

营业时间：星期四、星期五 11:00 ~ 16:00，星期六、星期日 11:00 ~ 18:00

休息日：星期一、星期二、星期三

衣食住全涵盖，陈列着各种各样的物品。由两位店主亲自搜集而来的生活用品易于使用，又充满乐趣，都是长期耐用品。你会不知不觉地被这些好物所吸引。

Mugs

这是我大学时期打过工的咖啡馆“Mugs”。每次需要直面自己人生中的壁垒的时候，店主井上先生都会给我出谋划策，如同我的就业指导老师。

本多：与井上先生相识后，首先让我备受感动的是“创造工作”这件事本身，他靠自己的力量开起了这家咖啡馆。在遇到井上先生以前，工作对于我来说就是在公司上班而已。即使想要换工作，也只是查一查想做的工作……“创造”工作这样的想法完全没有出现过。

井上：工作这件事，如果其中本就包含着自己已经做过的成就，自然就会更乐意做下去，这是我的看法。个人来讲，我也经历了一段职场生涯，也一直在思考一个问题——“自己想做又能做的工作到底是什么”。然后，就这样一步步走进了现在的这种状态。换言之，正因为我喜欢这件事情，才会想把它作为工作来做。所以，当本多来找我商量的时候，我是这么和她说的：“将自己无意识中已经在做的事情做下去就好，没有必要特地去寻找。”

本多：这份劝告成了我的精神支柱。什么是我自己无意识中就已经在做的事情呢，那就是在如何让自己的生活过得更“顺手”、更舒心这些方面下工夫所做的整理。之前，我完全没有把这件事作为工作的想法。但是，在找到井上先生咨询意见的时候，我正好了解

SHOP DATA

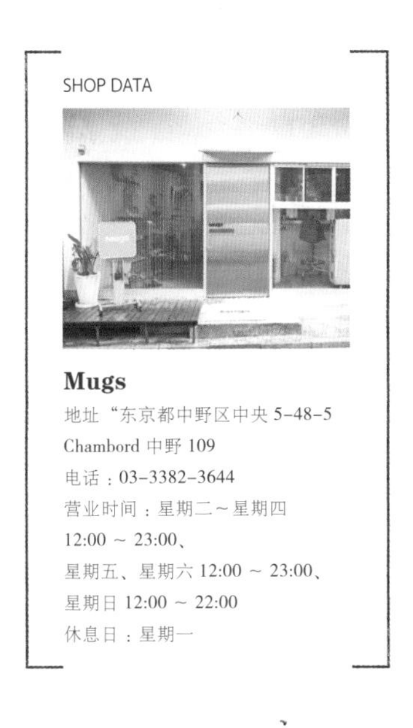

Mugs
地址"东京都中野区中央 5-48-5
Chambord 中野 109
电话：03-3382-3644
营业时间：星期二～星期四
12:00 ～ 23:00、
星期五、星期六 12:00 ～ 23:00、
星期日 12:00 ～ 22:00
休息日：星期一

架子上整齐摆放着一排 Fireking 餐具，是最大的亮点。
与"Mugs"的相遇，是我被器具魅力所吸引的契机，而今我已完全变身为一名器具爱好者了。

到原来有整理收纳咨询师的职业资格证书。于是，立马就想去考考看了。

井上：没错，没兴趣的事情你也不会去注意，因此能知道有这么一个资格考试存在，也是因为你自己对这方面有兴趣吧。每个人关心或忽视的事物都各不相同。如果是喜欢的事情，那么有关的信息会掌握得越来越多。我认为，这其中就蕴含着无限的机遇。

本多：是的，找到自己喜欢的事情真的很难得呢。我觉得要好好珍惜。

井上：是啊，不愿意的事情就算做了，也很难发生什么好事吧。我在这家店里放置了个人尊崇的各种产品，而且提供去各国旅行时发现的美味食物。可以说，这里塞满了我的个人爱好。

本多：井上先生给我提的建议中，让我如今依然印象深刻的是这样一句话："比起特地跑到很远的超市去买价值30日元的东西，不如在附近的小店解决就好，这样才算收回了那30日元的成本。"

井上：从结果来看，如果能做出超越30日元价值的成就，就会非常满足了吧？花费时间、精力去做喜欢的事情，就能达到这样的喜欢程度。如此一来，也不会认为浪费了金钱。

本多：现在回过头想想，萦绕耳畔的话语多如牛毛。"Mugs"对于我来说，是如同个人私塾一般的存在。

走进店内，不由心生一种出外旅行的惬意，让人联想到在异国当地才能体味的非日常感。身处其中，总感觉有股特别想踏上旅途的冲动。

自己磨咖啡豆、冲沏咖啡的幸福感。在"Mugs"，我也了解到了沏茶休憩的乐趣。为此，我会特意留出一些时间，专门休息。如何看待这样的时光，在平时的生活中十分重要。

"服役"近10年的出门采购环保包和小袋子。比起价格，我更重视能否长期使用、是否品质优良。在这里能够学到这种关于物品选择的基本方法。

后记

有些人习惯早餐吃面包，有些人习惯把家务打扫的任务留到周末一口气解决，有些人每天比家人早两个小时就得从被窝里爬起来工作……关于生活方式，大家都有自己的“流派”。每个人日复一日积累起来的种种生活样态都蕴含着各自独特的理念与美学概念。

做了5年家庭主妇、4年自由职业的我，通过在操持家庭与工作方面不断进行改进，感觉自己开始能够熟练把控生活了。话说回来，当然这其中也遭受过“重击”，不知不觉中超了负荷，身体状态每况愈下，有时还会与家人发生口角。尽管如此，为了让生活继续下去，只能一个接一个去解决那些躲不过去的杂事和必须做决定的各种事项。因为，是否能够不间断地处理好这些事情，直接关系着能否打好生活的基础。

前段时间，我渐渐感觉自己有了生活的根基。这一过程中的重要心得、为生活添色加彩的小乐趣等都在这本书里，非常有幸可以把它们介绍给大家。话说回来，再过几年，我肯定会过上完全不同于此的生活，届时也会产生全新的想法与习惯吧。我也希望能好好享受那时所经历的变化过程。

希望这本书能给你现在甚至未来的生活带来一股新风。

最后，在本书制作过程中爽快接受采访并给予慷慨协助的各位，以及为此书的出版上市而坚持不懈努力到最后的工作人员们，我想向你们表达最诚挚的谢意。感激万分。

本多沙织

著作权合同登记号：图字01-2018-2975

图书在版编目（CIP）数据

生活的基本：10条感知生活的收纳要义/(日)本多沙织著；杨俊怡，佩吉译. -- 北京：中国华侨出版社，2018.8

ISBN 978-7-5113-7701-2

Ⅰ.①生… Ⅱ.①本… ②杨… ③佩… Ⅲ.①生活-知识 Ⅳ.①TS976.3

中国版本图书馆CIP数据核字(2018)第085955号

生活的基本：10条感知生活的收纳要义

著　　者：[日] 本多沙织
译　　者：杨俊怡　佩　吉
出 版 人：刘凤珍
责任编辑：刘雪涛
特约编辑：俞凌波
筹划出版：银杏树下
出版统筹：吴兴元
营销推广：ONEBOOK
装帧制造：墨白空间
经　　销：新华书店
开　　本：787mm×1092mm　1/16
印　　张：8
字　　数：123千字
印　　刷：北京盛通印刷股份有限公司
版　　次：2018年8月第1版　　2018年8月第1次印刷
书　　号：ISBN 978-7-5113-7701-2
定　　价：52.00元

中国华侨出版社　北京市朝阳区静安里26号通成达大厦3层　邮编：100028
法律顾问：陈鹰律师事务所
发 行 部：(010) 64013086　　传真：(010) 64018116
网　　址：www.oveaschin.com　　E-mail：oveaschin@sina.com

后浪出版咨询(北京)有限责任公司